Werner Rudolf Cramer

Lila macht kleine Füße

Weitere Titel aus der Reihe

Können Hunde rechnen?
Norbert Herrmann, 2021
ISBN 978-3-11-073836-0, e-ISBN 978-3-11-073395-2

Der fliegende Zirkus der Physik
Fragen und Antworten
Jearl Walker, 2021
ISBN 978-3-11-076055-2, e-ISBN 978-3-11-076063-7

Wie alles anfing
Von Molekülen über Einzeller zum Menschen
Manfred Bühner, 2022
ISBN 978-3-11-078304-9, e-ISBN 978-3-11-078315-5

Zeit (t) – Die Sphinx der Physik
Lag der Ursprung des Kosmos in der Zukunft?
Jörg Karl Siegfried Schmitz-Gielsdorf, 2022
ISBN 978-3-11-078927-0, e-ISBN 978-3-11-078935-5

Einstein über Einstein
Autobiographische und wissenschaftliche Reflexionen
Jürgen Renn, Hanoch Gutfreund, 2022
ISBN 978-3-11-074468-2, e-ISBN 978-3-11-074481-1

Erscheint in Kürze

Sterngucker
Wie Galileo Galilei, Johannes Kepler und Simon Marius die Weltbilder veränderten
Wolfgang Osterhage, geplant für 2023
ISBN 978-3-11-076267-9, e-ISBN 978-3-11-076277-8

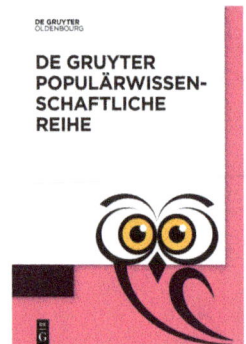

Werner Rudolf Cramer

Lila macht kleine Füße

Können wir unseren Augen trauen?

DE GRUYTER
OLDENBOURG

Autor
Werner Rudolf Cramer
Optical research
Cramer Lackdesign
Hafenweg 22
48155 Münster
Deutschland
wrcramer@muenster.de

ISBN 978-3-11-079390-1
e-ISBN (PDF) 978-3-11-079391-8
e-ISBN (EPUB) 978-3-11-079425-0
ISSN 2749-9553

Library of Congress Control Number: 2022945395

Bibliografische Information der Deutschen Nationalbibliothek
Die Deutsche Nationalbibliothek verzeichnet diese Publikation in der Deutschen
Nationalbibliografie; detaillierte bibliografische Daten sind im Internet über
http://dnb.dnb.de abrufbar.

www.degruyter.com

Vorwort

Lila macht kleine Füße! Sie müssen es nur glauben!

Je nach Definition gibt es Tausende und Abertausende Farben. Trotz dieser schier unendlichen Auswahl an Farben bilden sich Strukturen heraus, die aus individuellen Neigungen allgemeine Beschreibungen erlauben.

Der Anfang meiner Beschäftigung mit Farben liegt weit zurück: Zu Beginn meines Chemiestudiums wollte ich unbedingt die Chemikalienrezeptur für die Entwicklung von Diafilmen nachstellen. Die ersten drei oder vier Diafilme, die ich anfangs entwickelte, misslangen: Die Diafilme hatten einen Grünstich. Erst als ich die fehlende Chemikalie herausfand, war die Entwicklung bunter Diafilme erfolgreich. Von da an habe ich mich mit vielen Aspekten der Farbentwicklung, sowohl für die Entwicklung von Negativ- und Diafilmen als auch für die Herstellung von Fotoabzügen, beschäftigt. Ich schaffte es, Abzüge von Diafilmen ohne Zwischennegative zu erstellen. Hierzu beschäftigte ich mich auch mit Farbmischungen, um die – meist großformatigen – Abzüge neutral und farbgetreu zu entwickeln. Pseudo-Solarisationen in Farbe gehörten ebenso dazu wie der Austausch von Farben. Alles geschah auf chemischen Wegen, was im Vergleich zu heutigen Möglichkeiten mit Softwareprogrammen eine Herausforderung war. In vielen Ausstellungen, auch im europäischen Ausland stellte ich die Ergebnisse vor.

Als weiteres Farbgebiet kam Autolackdesign hinzu, das ich als kreative und künstlerische Beschäftigung mit Autolacken definierte. Zunächst lackierte ich verschiedene Teile unterschiedlich farbig, um dann auf die Idee zu kommen, Motorhauben farbig zu gestalten. Damals wurden bei Volkswagen – wie bei anderen Autoherstellern – Gitterschnitttests auf den Motorhauben gemacht, um die Haftfestigkeit der Lackierung zu testen. Die Motorhauben wurden nach dem Test ausgebaut, neue eingebaut und das Fahrzeug wieder lackiert. Von diesen Motorhauben fanden einige den Weg zu mir. Da ich einen weißen VW-Golf besaß, hatte ich freien Spielraum bei der Farbgestaltung. Und bevor mein Golf komplett für Ausstellungen umlackiert wurde, besaß ich 22 Motorhauben, die alle unterschiedlich mit Farben gestaltet waren. Jedes Wochenende tauschte ich die jeweilige Haube gegen eine andere. Einen anderen Teil der Motorhauben habe ich sozusagen als Leinwand benutzt. Sie waren Objekte zum Aufhängen wie normale Bilder.

Ich habe dann viele Fahrzeuge – Pkw und Lkw – für verschiedene Autohersteller gestaltet. Sie wurden für Ausstellungen und Präsentationen eingesetzt. Meinen ersten Golf lackierte ich komplett mit den damals neuen Interferenzpigmenten (Perlglanzpigmenten) um. Der Zuspruch war so groß, dass ich einen zweiten Golf im ähnlichen Stil und auch noch einen dritten umlackierte. Alle Golfs waren immer auf Messen, Ausstellungen und Präsentationen in Europa zusehen.

Nach erfolgreichen Jahren auf diesem Gebiet kehrte ich in die Wissenschaft zurück. Mich interessierten die neuartigen Interferenzpigmente, mit denen ich schon

https://doi.org/10.1515/9783110793918-201

Jahre vorher zu tun gehabt hatte. Außerdem wollte ich tiefer in das Gebiet der Farbmessung einsteigen. Beides – die intensive Beschäftigung mit Interferenzpigmenten
sowie der tiefere Einstieg in die Farbmetrik – habe ich erfolgreich geschafft. Besonders fasziniert war ich von der Möglichkeit, gemessene Reflexionswerte (Physik) in
physiologische Farbwerte umzurechnen und beide Bereiche zu vergleichen. Die Begeisterung hierfür hält immer noch an!

Ein Höhepunkt war die Gründung eines Unterausschusses des amerikanischen
Normenausschusses ASTM zusammen mit einigen amerikanischen Kollegen. Heute
arbeiten weltweit Messgeräte nach den damals erarbeiteten Methoden zur Messung
von Interferenzpigmenten.

Sehr intensiv habe ich mich mit den Einsatzmöglichkeiten von Interferenzpigmenten beschäftigt. Viele Ausmischungen konnte ich in den Laboren der Pigment-
und Lackherstellern ausarbeiten. Dieses Entdecken von neuen Verhaltensweisen, beispielsweise auch das additive Mischverhalten von Interferenzpigmenten, gehört zu
den Highlights meiner Forschung. Ich hoffe und glaube, dass man meine Begeisterung für diesen riesigen Themenbereich spürt!

Ein Bereichsleiter eines Pigmentherstellers lud mich ein, über eine neue Pigment-
serie zu diskutieren. Diese Effektpigmente – egal welcher Farbe – kippten unter einem bestimmten Betrachtungswinkel immer von ihrer eigentlichen Farbe nach Lila.
Physikalisch-technisch ließ sich dieses "Problem" nicht lösen. Auch konnten weder
seine Mitarbeiter noch ich ihn überzeugen. Er blieb bei seiner Meinung, dass das Lila
nicht wünschenswert sei. Beim Verabschieden ließ ich mich zu diesem Satz hinreißen:
Sie haben recht: Lila macht kleine Füße!

Münster, August 2022 Werner Rudolf Cramer

Inhalt

1 Einleitung

Farben sind unser Leben. Wir sehen nicht nur Farben, sondern benutzen sie auch als Orientierung, nicht nur im räumlichen und zeitlichen Sinn, sondern auch im menschlichen Miteinander. Außerdem verknüpfen wir allgemeine oder persönliche Empfindungen mit ihnen, und wir transportieren Vorstellungen sowie Eigenschaften auf sie. Man könnte auch behaupten, wir basteln uns mit den Farben eine scheinbare Wirklichkeit, die reale Bilder mit Wunschbildern koppelt und vermischt. Mit dieser scheinbaren Wirklichkeit können wir gut leben, zumal sie uns beim Zurechtfinden in der realen Wirklichkeit hilft. Die Verbindung der realen Wirklichkeit mit der virtuellen Wirklichkeit – funktioniert das überhaupt? Und wie lässt sich diese Verbindung fassen und beschreiben?

Die Bedeutung des Phänomens Farbe und das Interesse daran schlägt sich in der überwältigenden Zahl der Publikationen dazu nieder. Allein die Suche in Google zum Thema „Farbe" ergibt circa 330 Mio. Einträge, die von „color" mehr als 10,5 Mrd., die von „colour" 2,2 Mrd. und die vom niederländischen „kleur" immerhin 134 Mio. Einträge (Stand März 2022). Verknüpft man den Begriff „color" mit dem Namen „Goethe", so erhält man 12 Mio. Einträge in Google. Im Jahr 1810 veröffentlichte Goethe sein Buch „Zur Farbenlehre". Neben der eigentlichen Farbenlehre und den sinnlich-sittlichen Wirkungen setzte er sich mit der Farbenlehre Isaac Newtons auseinander. Der hatte weißes Licht analysiert und festgestellt, dass er es in farbige Lichter zerlegen und diese wieder zu Weiß zusammensetzen konnte. Goethes Denkfehler bestand darin, dass er Farben (Pigmente) mischte, während Newton mit farbigen Lichtern arbeitete. Allerdings ist Farbenmischen Physik und hat mit dem Farbensehen nichts zu tun! Man kann nicht oft genug erwähnen und betonen, dass alles, was vor dem Auge passiert, mit dem Farbensehen und -empfinden nichts zu tun hat!

Untersuchungen über die Wirkung von Farben sind in der Literatur zahlreich dokumentiert. In den meisten Fällen werden allgemeine Aussagen mit Wunschvorstellungen gekoppelt, um daraus ein Potpourri an vermeintlichen Tatsachen zu erstellen. Die Wirkung von Farben ist zunächst sehr individuell geprägt; allerdings kann diese Prägung auch durch den Common Sense der Umgebung beeinflusst und gesteuert werden. Viele Aussagen sind wissenschaftlich nicht überprüfbar und daher eher zweifelhaft. Mit anderen Worten, man kann Farben beliebige Eigenschaften „andichten"! Die Farbe Grün würde man sicherlich in Verbindung mit „Natur" und „natürlich" sehen. Die Frage ist nur, welches Grün ist gemeint? Biete ich in einem Test verschiedene Farben einschließlich eines Grüntons an, so wird eine große Zahl der Probanden dieses Grün in die genannte Verbindung setzen, egal wie das angebotene Grün aussieht. Insofern sind aussagekräftige Tests nicht einfach zu erstellen und durchzuführen.

Die Farbsymbolik erfordert Kenntnisse über Farben, ihre Entstehung und die daraus entstehende Empfindung. Die folgenden Ausführungen sind in verschiedene Bereiche eingeteilt:

https://doi.org/10.1515/9783110793918-001

Gestartet wird mit dem physikalischen Teil, der die Lichtstrahlen beschreibt. Sollte jemand schon in der Schule an Physik verzweifelt sein – keine Angst, die Zusammenhänge werden vorsichtig und behutsam erklärt. Es folgt der physiologische Teil, der die Reaktionen im Auge und Gehirn beschreibt. In diesem Teil geht es darum, wie aus Lichtstrahlen Farbempfindungen werden, also wie Lichtstrahlen in Farben übersetzt werden. Dazu gehören kurze Abstecher in die Evolution, um die verschiedenen Reaktionen im Auge zu verstehen.

Wie real sind die Farben, die wir sehen und empfinden? Die Farbe der Umgebung entscheidet auch über unseren Farbeindruck. Einflüsse auf unsere Farbempfindung sind vielfältig, sie unterliegen teils physiologischen, teils psychologischen Aspekten.

Pigmente und Farbstoffe manipulieren das einfallende Licht, ein Teil wird absorbiert und der Rest reflektiert. Diese reflektierten Anteile lösen dann im Auge einen Farbreiz aus. Es gibt auch Pigmente, die das einfallende Licht spiegeln oder es teilen. Diese Lichtmanipulationen sind so spannend, dass ihnen ein eigenes Kapitel gewidmet ist.

Große Bedeutung haben auch die Emotionen und Assoziationen, die wir mit Farben und Farbkombinationen verbinden. Unser Gehirn hat einen weiten Spielraum, um diese zu erfassen und darzustellen. Innerhalb dieses Spielraums lassen individuelle Entscheidungen eine Vielzahl von Interpretationen zu. Der Titel des Buches „Lila macht kleine Füße" kommt hier groß raus.

Dargestellt werden auch verschiedene Aspekte, die den großen Einfluss der Farben auf unser Leben zeigen.

2 Der Weg zur Farbe

Um das Wesen von Farben zu ergründen und damit deren Bedeutung zu verstehen, muss man sich insbesondere mit ihrer Entstehung auseinandersetzen. Zwei Aspekte sind hierbei zu beachten: Erstens unterscheidet die deutsche Sprache nicht zwischen der Farbe, mit der ich die Wand streiche oder ein Auto lackiere, und der Farbe, wie ich sie als Rot, Grün, Blau usw. sehe. Im Englischen mit „paint" und „colour" und im Niederländischen mit „verf" und „kleur" wird eine deutliche Unterscheidung zwischen dem Material und dem Farbeindruck vorgenommen. Sicherlich spielen Materialeigenschaften auch in der Farbsymbolik eine Rolle, hier soll aber zunächst die Farbe losgelöst vom Material betrachtet werden.

Zweitens steht die Selbstverständlichkeit, mit der wir Farben sehen und empfinden, wenn wir die Augen öffnen, einer Auseinandersetzung mit Farben im Wege. Im Prinzip ist es ganz einfach: Alles, was vor unseren Augen passiert, hat mit Farben nichts zu tun. Farben entstehen nur im Auge und Gehirn! Das zu verstehen, ist wirklich schwer. Dem Auge ist es egal, ob es ein grünes Farbpigment oder eine Mischung aus Gelb und Blau sieht. Es empfängt die entsprechenden Lichtstrahlen und wandelt sie in einen optischen Reiz um, der im Gehirn zu Grün verarbeitet wird. Und noch einmal: Draußen vor dem Auge gibt es keine Farben, die Welt ist schwarz!

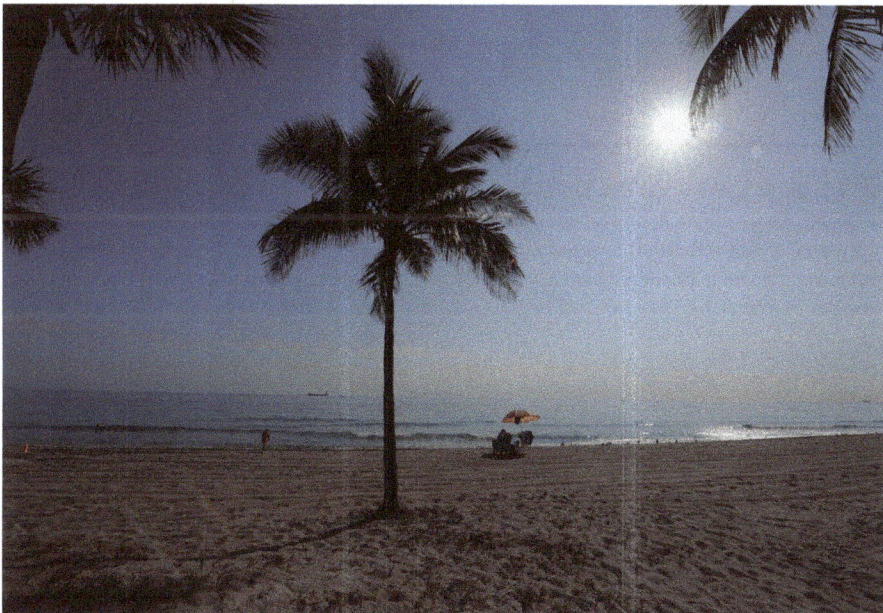

Abb. 2.1: Seit etwa 4,5 Milliarden Jahren schickt die Sonne ihre Strahlen auf die Erde. Sie ist Licht- und Lebensspender.

https://doi.org/10.1515/9783110793918-002

Um die verschiedenen Prozesse, die letztendlich zur Farbe führen, besser zu verstehen, folgen wir dem Weg zur Farbe: Eingeteilt wird dieser Weg in Etappen, die die einzelnen Abschnitte des Weges darstellen. So beschreibt die optische Physik die Vorgänge vor dem Auge, die Physiologie und die Psychologie setzen sich mit den Etappen im Auge und im Gehirn auseinander. Der Weg startet mit der Sonne, die über Jahrmilliarden ihre Strahlen ins Weltall schickt. Dass sich die Entwicklung des Auges an der Sonne orientiert, ist logisch und natürlich. Schließlich ist sie unser Lebens- und Lichtspender (Abbildungen 2.1, 2.2).

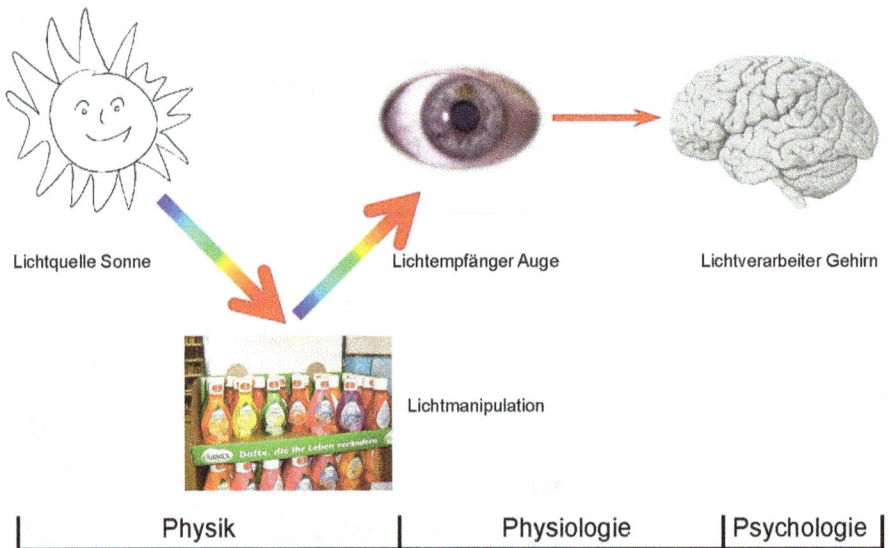

Lichtquelle Sonne   Lichtempfänger Auge   Lichtverarbeiter Gehirn

Lichtmanipulation

| Physik | Physiologie | Psychologie |

Abb. 2.2: Die Entstehung der Farbe zeigt dieses Schema: Von der Sonne treffen Lichtstrahlen auf ein Objekt, wo sie manipuliert werden. Von dort treffen die manipulierten Lichtstrahlen aufs Auge, wo sie in einen optischen Reiz umgewandelt werden. Das Gehirn „übersetzt" den optischen Reiz in Farben. Vor dem Auge existieren nur Lichtstrahlen, die physikalisch beschrieben werden.

3 Vor dem Auge = Physik

3.1 Die Sonne als Lichtsender

In der Schöpfungsgeschichte liest man: „*Gott sprach: Es werde Licht. Und es wurde Licht. Fiat lux!*" Ohne Licht hätte Gott nicht erkennen können, was er anrichtete.

Seit 4,5 Mrd. Jahren scheint die Sonne. Gewaltige Kernexplosionen sind die Ursache für die immensen Strahlen, die von der Sonne ins Weltall gelangen. Und weniger als 1 % dieser Strahlen erreichen die Erdatmosphäre, von denen fast nur die UV-, die sichtbaren und die IR-Strahlen (IR = Infrarot) bis zur Erdoberfläche gelangen. Ein Teil der Strahlen wird auf ihrem Weg durch die Atmosphäre gestreut: Bei kurzen Entfernungen wie bei einem hohen Sonnenstand werden bevorzugt Strahlen mit kurzen Wellenlängen gestreut, was zu einem blauen Himmel führt (Rayleigh-Streuung). Bei längeren Wegen wie bei tiefstehender Sonne, insbesondere beim Sonnenuntergang, ist der Weg der Strahlen durch die Atmosphäre erheblich länger. Dann dominieren Strahlen mit langen Wellenlängen (Abbildungen 3.1, 3.2).

Abb. 3.1: Mit einem Klebestab einer Heißluftpistole lassen sich die Streuungen der Lichtstrahlen demonstrieren: Nahe an der Lichtquelle überwiegen die blauen, weiter entfernt die rot-gelben Lichtstrahlen.

Acht Minuten benötigen die Strahlen der Sonne im Durchschnitt, um zu unserer Erde zu gelangen. Und typischerweise können wir diese Strahlen einem Farbspektrum zuordnen: Mit kurzen Wellenlängen befinden sich an einem Spektrumsende die Strahlen, die eine blauviolette Farbempfindung auslösen. Es folgen Strahlen mit etwas längeren Wellenlängen, die wir als Blau, Grün, Gelb, Orange und schließlich als Rot empfinden. Rot wird durch Lichtstrahlen mit den größten Wellenlängen ausgelöst. Über Rot hinaus befindet sich der IR-Bereich, dessen Strahlen uns wärmen, aber unsichtbar sind. An dem blauvioletten Spektrumsende mit den kürzesten Wellenlängen knüpft der ebenfalls für uns unsichtbare ultraviolette Bereich (UV) an (Abbildung 3.3)

https://doi.org/10.1515/9783110793918-003

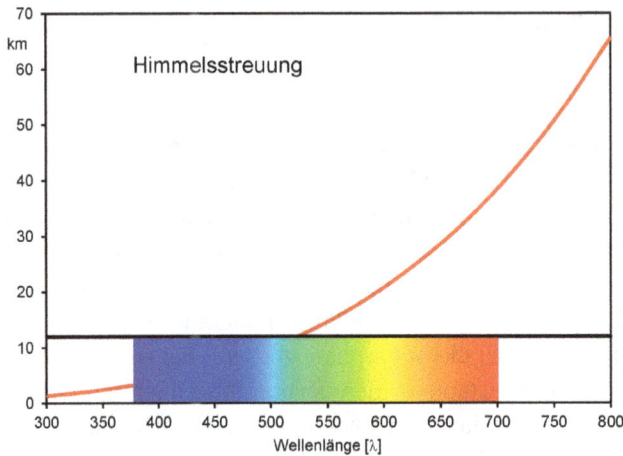

Abb. 3.2: Die Berechnung der Streuung des Sonnenlichtes über den Weg durch die Atmosphäre zeigt deutlich eine Verschiebung zum Roten, wenn der Weg länger wird.

Abb. 3.3: Das sichtbare Spektrum umfasst Lichtstrahlen, die blaue, grüne, gelbe, orangefarbene und rote Farbreaktionen hervorrufen. Am blauen Ende grenzt der UV (Ultraviolett)- und am roten Ende der IR (Infrarot)-Bereich an.

Isaac Newton, ein englischer Physiker, veröffentlichte am 19. Februar 1671 sein Werk "New Theory of Light and Colors". Dieses Werk war die Grundlage für sein Hauptbuch „Opticks or, A treatise of the reflections, refractions, inflections and colours of light", erschienen im Jahr 1704. Darin stellte er die wichtigsten optischen Phänomene dar. Er beschreibt auch, wie er weißes Sonnenlicht mit Hilfe eines Prismas in seine Spektralfarben zerlegt und diese mit einem weiteren Prisma wieder zu Weiß zusammensetzt (Abbildung 3.4).

Guckt man sich das Spektrum der Sonne genauer an, so stellt man schwarze Absorptionslinien fest. Diese Linien wurden nach Joseph von Fraunhofer benannt und zeigen die Absorptionseigenschaften verschiedener chemischer Elemente. Sie zeigen beispielsweise Absorptionen von Eisen, Sauerstoff, Magnesium oder Natrium.

3.2 Der Regenbogen

Die Zerlegung des Sonnenlichts können wir bei jedem Regenbogen erkennen – auch Newton hatte darübergeschrieben: Der Betrachter steht dabei mit dem Rücken zur möglichst tief stehenden Sonne, die die Regentropfen bescheint. Dringen Sonnenstrahlen in den kugelförmigen Regentropfen, so werden sie unterschiedlich stark gebrochen. Regentropfen (Wasser) besitzen einen höheren Brechungsindex als Luft (1,3:

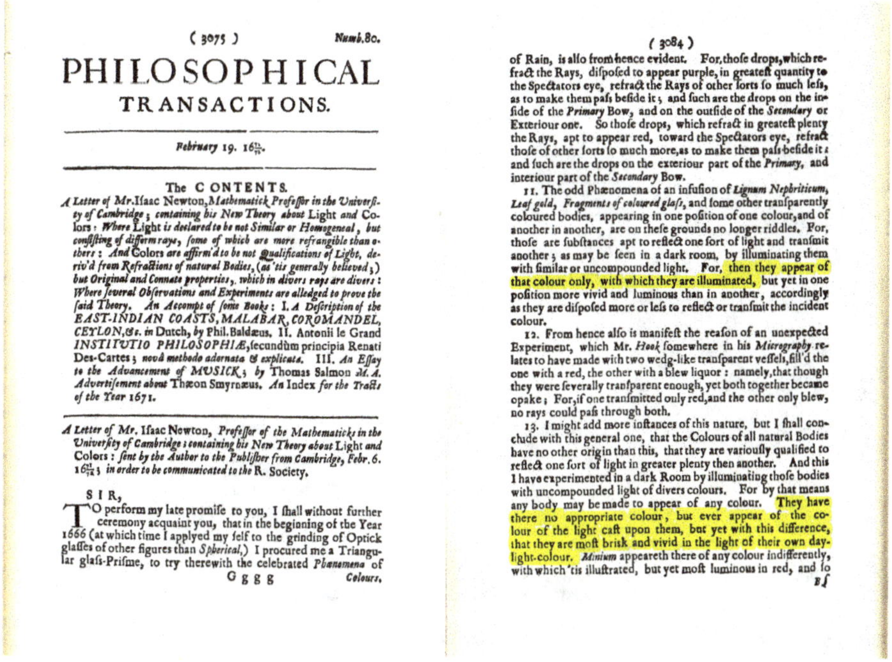

(3075)   Numb. 80.

PHILOSOPHICAL
TRANSACTIONS.

February 19. 16 72/73.

The CONTENTS.

A Letter of Mr. Isaac Newton, Mathematick Professor in the University of Cambridge; containing his New Theory about Light and Colors: Where Light is declared to be not Similar or Homogeneal, but consisting of different rays, some of which are more refrangible than others: And Colors are affirm'd to be not Qualifications of Light, deriv'd from Refractions of natural Bodies, (as 'tis generally believed;) but Original and Connate properties, which in divers rays are divers: Where several Observations and Experiments are alledged to prove the said Theory. An Accompt of some Books: I. A Description of the EAST-INDIAN COASTS, MALABAR, COROMANDEL, CEYLON, &c. in Dutch, by Phil. Baldæus. II. Antonii le Grand INSTITUTIO PHILOSOPHIÆ, secundùm principia Renati Des-Cartes; novâ methodo adornata & explicata. III. An Essay to the Advancement of MUSICK; by Thomas Salmon M. A. Advertisement about Theon Smyrnæus. An Index for the Tracts of the Year 1671.

A Letter of Mr. Isaac Newton, Professor of the Mathematicks in the University of Cambridge; containing his New Theory about Light and Colors: sent by the Author to the Publisher from Cambridge, Febr. 6. 16 71/72 in order to be communicated to the R. Society.

SIR,

To perform my late promise to you, I shall without further ceremony acquaint you, that in the beginning of the Year 1666 (at which time I applyed my self to the grinding of Optick glasses of other figures than Spherical,) I procured me a Triangular glass-Prisme, to try therewith the celebrated Phænomena of Colours.

G g g g

(3084)

of Rain, is also from hence evident. For, those drops, which refract the Rays, disposed to appear purple, in greatest quantity to the Spectators eye, refract the Rays of other sorts so much less, as to make them pass beside it; and such are the drops on the inside of the Primary Bow, and on the outside of the Secondary or Exterior one. So those drops, which refract in greatest plenty the Rays, apt to appear red, toward the Spectators eye, refract those of other sorts so much more, as to make them pass beside it; and such are the drops on the exterior part of the Primary, and interior part of the Secondary Bow.

11. The odd Phænomena of an infusion of Lignum Nephriticum, Leaf gold, Fragments of coloured glass, and some other transparently coloured bodies, appearing in one position of one colour, and of another in another, are on these grounds no longer riddles. For, those are substances apt to reflect one sort of light and transmit another; as may be seen in a dark room, by illuminating them with similar or uncompounded light. For, then they appear of that colour only, with which they are illuminated, but yet in one position more vivid and luminous than in another, accordingly as they are variously qualified to reflect or transmit the incident colour.

12. From hence also is manifest the reason of an unexpected Experiment, which Mr. Hook somewhere in his Micrography relates to have made with two wedg-like transparent vessels, fill'd the one with a red, the other with a blew liquor: namely, that though they were severally transparent enough, yet both together became opake: For, if one transmitted only red, and the other only blew, no rays could pass through both.

13. I might add more instances of this nature, but I shall conclude with this general one, that the Colours of all natural Bodies have no other origin than this, that they are variously qualified to reflect one sort of light in greater plenty then another. And this I have experimented in a dark Room by illuminating those bodies with uncompounded light of divers colours. For by that means any body may be made to appear of any colour. They have there no appropriate colour, but ever appear of the colour of the light cast upon them, but yet with this difference, that they are most brisk and vivid in the light of their own day-light-colour. Minium appeareth there of any colour indifferently, with which 'tis illustrated, but yet most luminous in red, and so

B ſ

Abb. 3.4: Isaac Newton teilte das Sonnenlicht in seine Spektralfarben mit Hilfe eines Prismas. Er konnte diese wieder zu Weiß zusammensetzen.

1,0). Das weiße Sonnenlicht wird unterschiedlich an der Rückwand der Regentropfen reflektiert – die blauen Lichtstrahlen werden stärker abgelenkt als die roten. Unter einem Winkel von 42° verlassen die roten Lichtstrahlen die Tropfen wieder, blaue Lichtstrahlen reflektieren unter 40,2°. In ihrer Gesamtheit ergeben sie den bekannten Regenbogen. In seinem unteren Bereich befindet sich der blaue, stärker abgelenkte Teil und an der oberen Grenze der rote Teil.

Befindet sich der Betrachter auf der Erde, so kann er maximal einen Halbkreis erkennen. Je höher der Betrachter positioniert ist, desto runder erscheint der Regenbogen. Im Idealfall kann er kreisförmig sein (Abbildung 3.5).

Lichtstrahlen, die zweimal im Regentropfen reflektieren, verlassen diesen in umgekehrter Reihenfolge unter einem Winkel von 51° für rote und 54° für blaue Lichtstrahlen. Bei diesem Nebenregenbogen ist der rote Teil unten und der blaue oben – also umgekehrt wie beim Hauptregenbogen. Der Nebenregenbogen ist deutlich schwächer und wird nicht immer beobachtet.

Ein Regenbogen kann auch durch Mondlicht erzeugt werden; ähnliche Farberscheinungen treten auch bei sogenannten Halos auf. Dabei handelt es sich um Lichteffekte, die durch Brechungen an Eiskristallen in der Atmosphäre entstehen. In der Regel werden Lichtstrahlen an Eiskristallen im Winkel von 22° gebrochen, wobei auch unterschiedliche Brechungen auftreten können (Abbildung 3.6).

Abb. 3.5: Der Regenbogen stellt immer ein Kreissegment dar. Im Idealfall ist er kreisförmig, wenn man ihn aus großer Höhe sieht. Foto: C. Leonhardt.

Abb. 3.6: Manchmal erkennt man Halos wie hier um den Mond. Hier brechen Lichtstrahlen an Eiskristallen.

3.3 Das Farbspektrum

Das Farbspektrum spiegelt die Anordnung der für uns sichtbaren Lichtwellen wider. Und Lichtstrahlen, die in unser Auge gelangen und auf die Netzhaut treffen, besitzen eine oder mehrere Lichtwellen. Hält man NaCl – also Kochsalz – in eine Flamme, so erkennt man die typische gelbe Farbe des Natriums. Hier handelt es sich um eine einzelne Spektrallinie im Farbspektrum (eigentlich eine Doppellinie). Sie erzeugt ebenso wie ein gelbes Buntpigment eine gelbe Farbempfindung. Spektrallinien wie auch farbige Lichter sind Selbstleuchter. Buntpigmente werden dagegen von Licht angestrahlt; sie manipulieren das einfallende Licht und reflektieren immer über den *gesamten* Spektralbereich, also auch im blauen, grünen, gelben und roten Bereich (Abbildungen 3.7, 3.8).

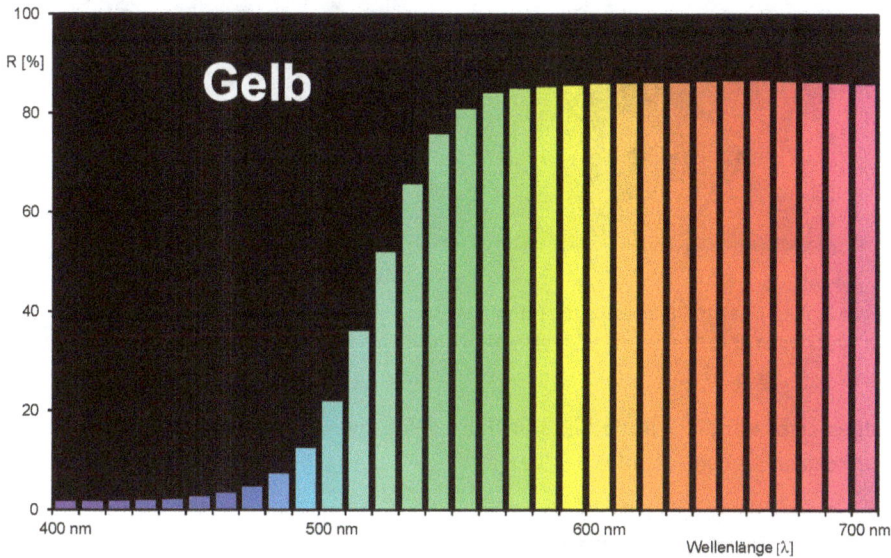

Abb. 3.7: Dargestellt sind die Anteile des reflektierten Lichtes eines gelben Pigmentes: Im grünen, gelben und roten Spektralbereich sind die Reflexionen hoch, während sie im blauen Bereich sehr niedrig sind. Reflektiert wird immer über den gesamten Spektralbereich, also ohne „schwarze Löcher" und nicht monochromatisch. Auf der x-Achse sind die Wellenlängen des sichtbaren Spektrums aufgetragen. Die y-Achse gibt die Reflexion in Prozent an. Die Werte basieren auf realen Mustern und deren gemessenen Reflexionen in 10nm-Schritten. Die einzelnen Messwerte sind hier als Säulen in der jeweiligen Spektralfarbe dargestellt.

Trifft weißes Licht auf ein Pigment, wird ein Teil des Lichts absorbiert und der Rest reflektiert. Dieser löst im Auge eine Farbreaktion aus.

3.4 Farbige Lichter

Das Licht der Sonne empfinden wir tagsüber als weiß. Am Morgen oder am Abend ist es deutlich rötlicher. Da wir wissen, dass ein weißes Auto weiß ist, erscheint es uns aufgrund von Umstimmungen auch am Abend weiß, obwohl es objektiv nun rötlich ist. Grundsätzlich ist die Farbe eines Pigments, einer Künstlerfarbe oder eines Auto-lacks abhängig vom Licht: Weißes Licht lässt beispielsweise die Farben der lackierten Musterbleche in Rot, Gelb, Grün und Blau erscheinen. Rotes Licht würde dieselben lackierten Bleche Hellgrau, Hellgrau, Schwarz und Schwarz erscheinen lassen. Und

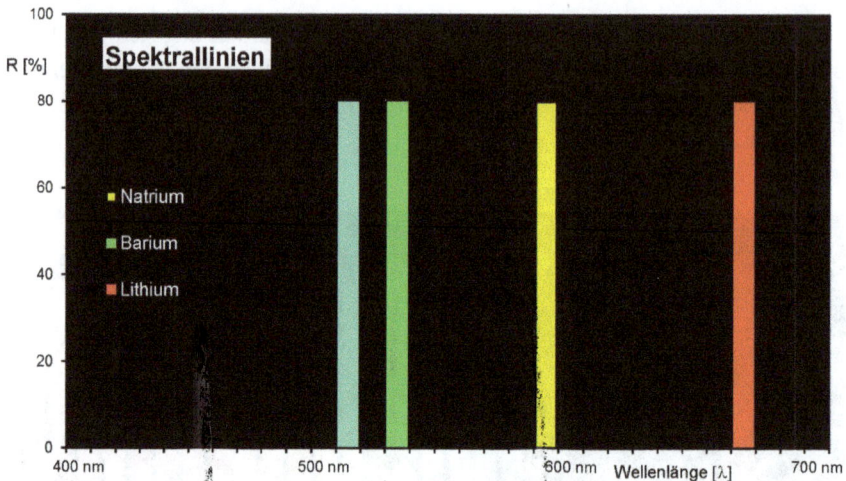

Abb. 3.8: Auch Spektrallinien erzeugen Farben. Mit unserem Auge können wir nicht Spektrallinien von Reflexionen über den gesamten Spektralbereich unterscheiden.

gelbes Licht würde Gelb zu Weiß/Hellgrau, Rot und Grün gelblicher sowie Blau zu Dunkelgrün machen (Abbildung 3.9).

3.5 Intensität des Sonnenlichts

Die höchste Intensität besitzt das Sonnenlicht im grünen Spektralbereich. Das menschliche Auge hat seine maximale Hellempfindlichkeit auch in diesem Bereich entwickelt. Insofern hat sich das Auge am Sonnenlicht orientiert (Abbildung 3.10).

Stellt man das Sonnenlicht über seine Frequenzen dar, so haben diese ihr Maximum im roten Spektralbereich. Es ist interessant, dass die Photosynthese in den Pflanzenblättern über diese Frequenz abläuft und im roten Bereich des Sonnenlichts ihre maximale Energie gewinnt (Abbildung 3.11). Aus diesem Grund reflektieren Pflanzen das Sonnenlicht im grünen Spektralbereich, weswegen sie uns grün erscheinen. Beim Chlorophyll spricht man von einer Grünlücke, in der das Chlorophyll so gut wie keine Lichtstrahlen absorbiert. Im roten Spektralbereich nahe am IR-Bereich und darüber hinaus reflektieren die Pflanzen die Lichtstrahlen, um nicht aufgeheizt zu werden (Wärmestrahlung).

Künstliche Lichtarten werden wie die Sonne über die Maßeinheit ihrer Farbtemperatur beschrieben. Hierbei ist das Spektrum eines sogenannten Schwarzen Strahlers gemeint, der beim Erhitzen seinen Farbeindruck von Dunkelrot über Rot und Gelb nach Weiß und weiter nach Hellblau ändert (Abbildung 3.12). Typische Farbtemperaturen liegen beispielsweise für Kunstlicht in der Fotografie bei 3200 K und für Mittagssonne bei 5600 K. Ein blauer Himmel hat mit bis zu 25.000 K eine wesentlich höhere Farbtemperatur als die Mittagssonne. Die Einheit K steht für Kelvin als Temperatureinheit; 0 K entsprechen −273,15 °C, und 0 °C entsprechen 273,15 K.

Abb. 3.9: Farben entstehen nur durch Lichtstrahlen. Werden farbige Objekte nicht von weißem Licht (z. B. Sonnenlicht) beleuchtet, so reagieren sie entsprechend dem Licht: Bei lilafarbenem Licht zeigen sich kaum Unterschiede zwischen Gelb (hell) und Rot, bei türkisfarbenem Licht verschiebt sich Gelb zum Grünlichen und Rot wird Schwarz und rotes Licht macht Gelb zu Rot (= hell) sowie Grün und Blau zu Schwarz.

Erscheinen Muster oder Gegenstände in ihrer Farbe bei einer Lichtart gleich und bei einer anderen unterschiedlich, spricht man von Metamerie. Sie sind bedingt gleich. Dieses Phänomen tritt beispielsweise beim Kauf von Kleidung auf, wenn die Beleuchtung im Geschäft vom Sonnenlicht abweicht. Da können die gewählten Kleidungsstücke im Geschäft farblich „passen", während sie vor dem Geschäft im Sonnenlicht divergieren.

3.6 Wellenlänge

Die Wellenlänge ist definiert als Abstand zweier Punkte einer Welle mit gleicher Phase: Eine Sinuswelle startet bei 0 ° und steigt zu 90 ° an, um dann wieder gegen 0 ° zu verlaufen. Von dort wird sie negativ, bis sie nach negativem Zwischenhoch bei 90 ° wieder 0 ° erreicht. Man stelle sich einen Punkt vor, der eine Kreisbewegung vollzieht. Beim Start beträgt der Winkel 0 °. Verläuft der Punkt weiter auf dem Kreis, so erreicht

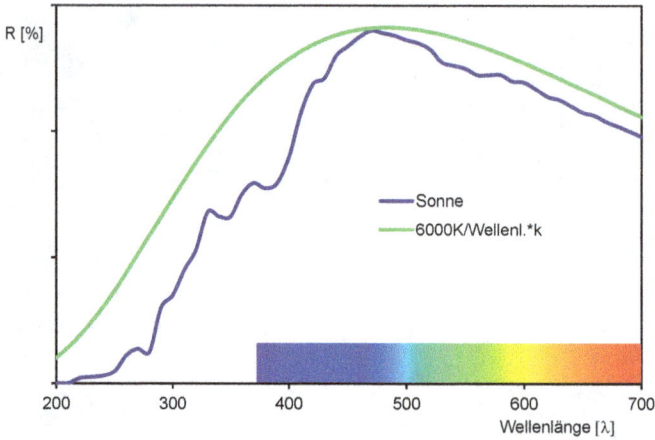

Abb. 3.10: Max Planck berechnete die Verteilungskurve des Sonnenlichtes. Die Abbildung zeigt die Kurve (grün) im Vergleich zu Messungen des Hubble-Satelliten.

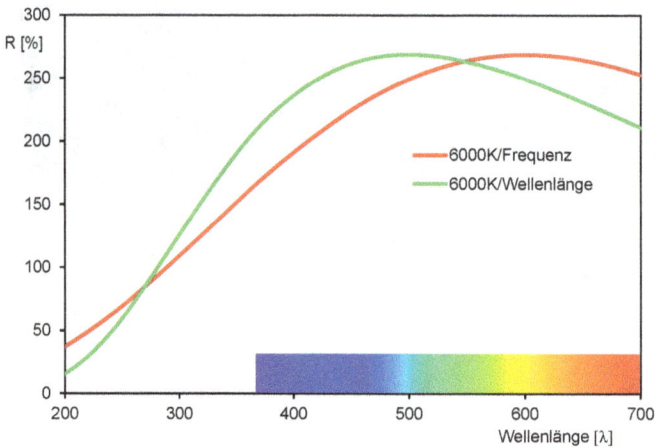

Abb. 3.11: Die Verteilungskurve berechnet über die Wellenlänge zeigt ein Maximum im grünen Bereich. Die Berechnung über die Frequenz zeigt ein Maximum im roten Bereich.

er 90 ° mit höchster Ausdehnung (Amplitude). Bei 180 ° steht der Punkt wiederum im Nullpunkt, um von dort gegen 270 ° wiederum die höchste – allerdings negative – Ausdehnung zu erreichen. Von 270 ° verläuft der Punkt auf dem Kreis zum Ausgangspunkt bei 0 °. Diese Ausdehnung nennt man Periode (Abbildung 3.13).

Beim sichtbaren Licht werden die Wellenlängen mit Werten zwischen 400 und 700 nm (= 1 Nanometer = 10^9 m) angegeben: 700 nm sind langwellige Lichtstrahlen im roten Spektralbereich, und 400 nm sind kurzwellige im blauen Spektralbereich.

Ein bunter Gegenstand oder ein buntes Pigment reflektiert immer im gesamten Spektralbereich. Und die resultierende Farbe setzt sich aus vielen Lichtstrahlen un-

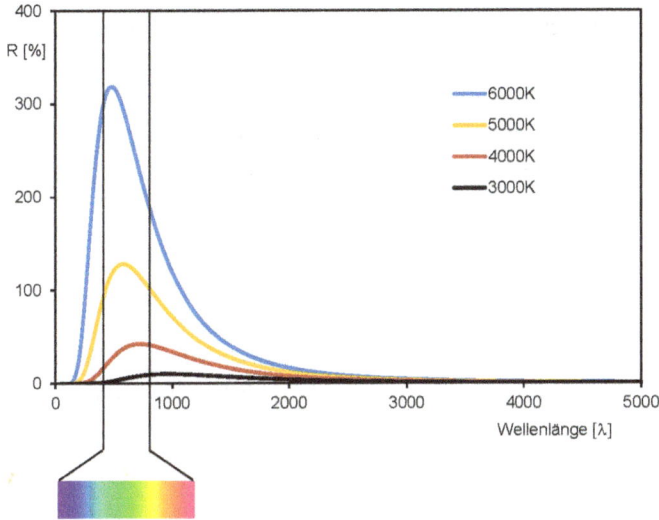

Abb. 3.12: Erhitzt man einen Schwarzen Körper, so ändert sich seine Farbe mit steigender Temperatur. Im Bereich von 6000 Kelvin reflektiert er im sichtbaren Bereich.

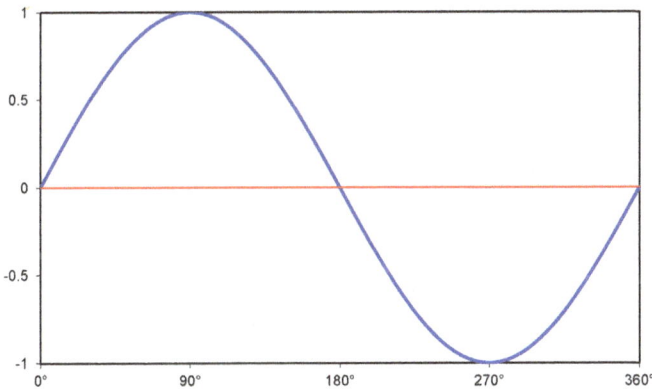

Abb. 3.13: Eine Sinuskurve spiegelt die Lichtwelle wider, in der diese in einer bestimmten Zeit wieder die Ausgangsposition erreicht. Ihre Länge wird als Wellenlänge bezeichnet. Die Frequenz ist der Kehrwert der Periode.

terschiedlicher Wellenlängen zusammen. Trägt man die Reflexionswerte in einem xy-Diagramm von 400 bis 700 nm auf, so erhält man eine typische Reflexionskurve.

Die Frequenz einer Welle gibt die Wiederholungsrate der periodischen Welle. Gemessen wird die Frequenz in Hertz: 1 Hz = 1/s. Die Lichtgeschwindigkeit geteilt durch die Wellenlänge ergibt die Frequenz. Die oft angegebene Lichtgeschwindigkeit von 299.999.999 m/s gilt fürs Vakuum, sie ändert sich mit dem Brechungsindex des umgebenden Mediums. Das gilt auch für die Wellenlänge, die sich beim Übergang von einem Medium ins andere ändert. Die Frequenz bleibt immer gleich: So ändert sich die Frequenz eines farbigen Gegenstands nicht, wenn er in Wasser eingetaucht wird, die Wellenlänge ändert sich allerdings. Diese Änderungen sind für Buntpigmente in der Regel irrelevant, die resultierende Farbe bei Interferenzpigmenten ist allerdings stark vom Brechungsindex des umgebenden Mediums abhängig.

Die mathematischen Zusammenhänge:

$$f = \frac{c}{\lambda}.$$

Dabei ist f = Frequenz, c = Lichtgeschwindigkeit (c_0 = Lichtgeschwindigkeit im Vakuum), λ = Wellenlänge (λ_0 = Wellenlänge im Vakuum). Mit n wird der Brechungsindex dargestellt.

$$c = \frac{c_0}{n}, \quad \lambda = \frac{\lambda_0}{n}.$$

Die Lichtgeschwindigkeit und die Wellenlänge sind abhängig vom Brechungsindex des Mediums (siehe auch Abbildung 8.32).

3.7 Die Manipulation der Lichtstrahlen

Das Licht der Sonne empfinden wir als weiß. Es lässt sich, wie Isaac Newton im Jahre 1672 veröffentlichte, in einzelne Spektralfarben zerlegen und wieder zu Weiß zusammensetzen.

Dass Goethe hierüber „stolperte" und sich mokierte, liegt in der Natur der Dinge: Newton machte seine Versuche mit Lichtfarben, die sich additiv zu Weiß mischen. Goethe dagegen experimentierte mit Körperfarben, also Pigmenten, die sich subtraktiv zu Grau mischen. Goethe machte den gedanklichen Fehler, dass er die Ergebnisse seines Farbenmischens mit unserem Farbenempfinden gleichsetzte. Nicht oft genug muss wiederholt und betont werden, dass *das Farbenmischen nichts mit dem Farbensehen zu tun hat!*

Damit überhaupt Farben bei uns im Gehirn entstehen, muss das Sonnenlicht – aber auch das künstliche Licht – in irgendeiner Form manipuliert werden: Es kann teilweise vom Buntpigment absorbiert werden. Ein Aluminiumpigment oder -plättchen spiegelt es, und ein Interferenzpigment teilt das einfallende Licht in zwei Teile.

Diese Manipulationen finden immer über den gesamten sichtbaren Spektralbereich statt. Ein Buntpigment absorbiert das Licht *nicht* komplett, so dass ein Spektralbereich schwarz ist. Vielmehr finden in allen Spektralbereichen unterschiedlich starke Absorptionen statt; schwächere Absorptionen in Spektralbereichen führen zu stärkeren Reflexionen. Diese reflektierten Lichtstrahlen werden ungerichtet gestreut.

3.8 Messung der Lichtstrahlen

Auch Aluminium- und Interferenzpigmente reflektieren über den gesamten Spektralbereich, so dass auch hier keine schwarzen Löcher existieren. Was passiert denn nun vor dem Auge? Um das herauszufinden, benötigt man ein Messgerät, dass die Lichtstrahlen aufzeichnen kann. Heutzutage benutzt man portable Instrumente in der Größe eines Ziegelsteins, die in allen Anwendungs- und Produktionsbereichen eingesetzt werden können (Abbildung 3.14). Für den Laborbereich empfehlen sich stationäre Messinstrumente (Abbildungen 3.15, 3.16).

Abb. 3.14: Erstes tragbares Messgerät mit Mehrwinkelmessung: Kinderleichte Bedienung!

Abb. 3.15: Gerät mit beweglichen Beleuchtungs- und Messköpfen zur Messung von Interferenzpigmenten (ZEISS GK311/M Baujahr 1990).

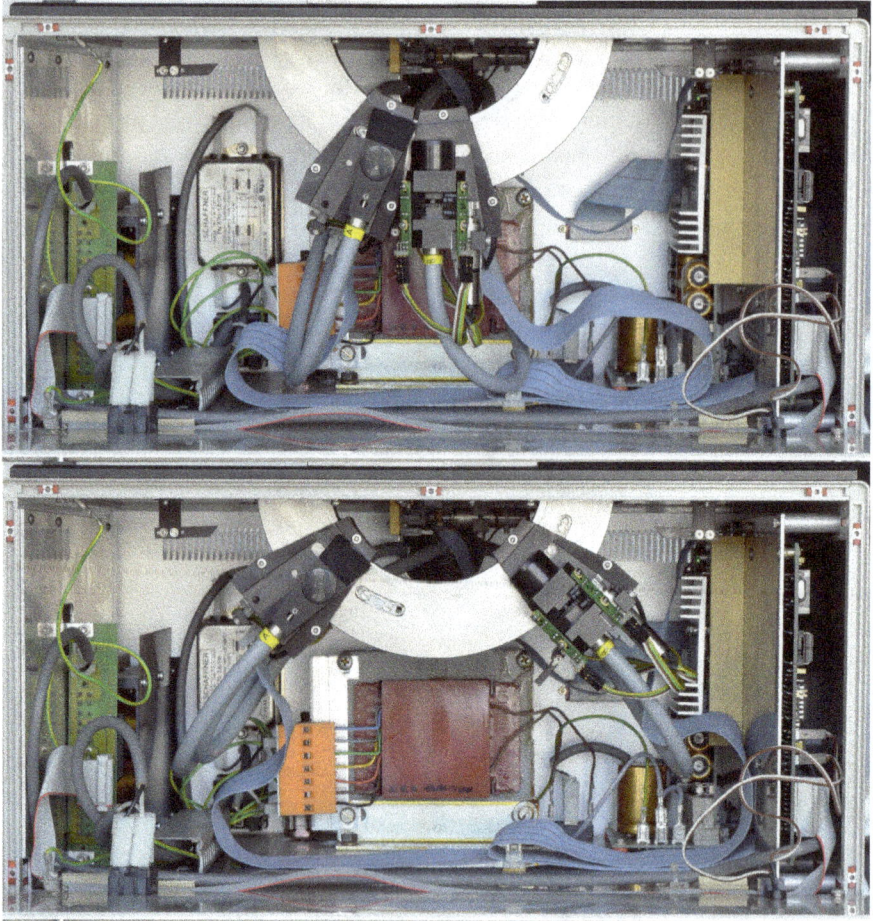

Abb. 3.16: Das ZEISS GK311/M besitzt eine stählerne Halbschiene, auf der sich der Beleuchtungs- und der Messkopf unabhängig voneinander einstellen lassen. So lassen sich beliebige Messgeometrien realisieren.

Die Messgeräte messen Lichtstrahlen, die von den Objekten reflektiert werden, und zwar in der Regel in 10-nm-Schritten von 400 bis 700 nm, also im sichtbaren Spektrum. Vor der Messung werden die Geräte kalibriert: Dabei wird das Gerät mit einem Weißstandard auf 100 % und mit einem Schwarzstandard auf eine Reflexion von 0 % über den gesamten Spektralbereich gesetzt. Die Messung ergibt prozentuale Reflexionswerte, die normalerweise zu einer Linie verbunden werden und eine typische Reflexionskurve ergeben. Diese stellt gewissermaßen einen „Fingerabdruck" des gemessenen Musters dar: Die Messwerte spiegeln die Lichtstrahlen wider, die von einem Muster oder Gegenstand reflektiert werden.

In diesem Buch werden sowohl Reflexionskurven als auch Reflexionssäulen über das Farbspektrum gezeigt. Die einzelnen Säulen sind in der jeweiligen Reflexionsfarbe dargestellt, um die Messergebnisse anschaulicher zu machen. Die Darstellungen sind physikalischen Ursprungs und illustrieren die von ihnen beschriebenen Farbphänomene: So können wir erkennen, was vor unserem Auge passiert, und vergleichen, was unser Gehirn aus den reflektierten Lichtstrahlen macht.

Für Unifarben – und das sind die meisten Künstlerfarben – setzt man Messgeräte mit einer weißen Kugel im Inneren ein, in der das reflektierte Licht ungerichtet gestreut wird (Abbildung 3.17). Oder man beleuchtet das Muster gerichtet unter einem Winkel von 45° und misst es bei 0° in der Normalen (Abbildung 3.18). Diese muss man sich als Senkrechte auf dem Muster denken. Einfallswinkel des Lichts ist gleich dessen Ausfallswinkel, so lautet das optische Gesetz. Bei der genannten Geometrie (45°-Beleuchtung, 0°-Messung/Beobachtung) wird also 45° vom Glanzwinkel (−45°) bei 0° gemessen. Obwohl das optische Gesetz Einfalls- und Ausfallswinkel gleichsetzt, benutzt man unterschiedliche Vorzeichen, um beide Winkel zu unterscheiden. Es gibt auch eine andere Konvention, bei der die Winkel von 0° bis 180° in einem Halbkreis über dem Musterblech definiert sind. Diese Konvention hat den Vorteil, dass jeder Winkel nur einmal vorkommt.

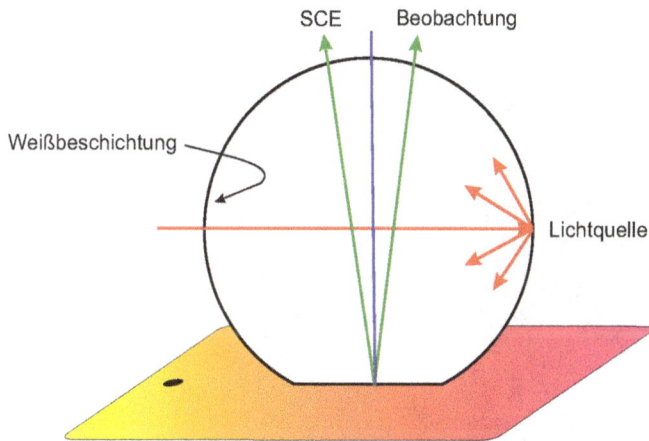

Abb. 3.17: Bei Messungen mit der Kugelgeometrie wird Licht in einer weißen Kugel gestreut. Damit wird eine Messprobe beleuchtet. SCE = Specular Component Excluded: Messung ohne Glanz.

Bei Effektfarben – und das sind die meisten Autofarben und -lacke – ändert sich die Farbe mit Änderung des Beleuchtungs- und Beobachtungswinkels. Deswegen messen geeignete Messgeräte unter verschiedenen Geometrien (Beleuchtungs-/Beobachtungswinkel). Die Reflexionskurven sind ein Abbild der Pigmente und spiegeln deren Farbverlauf in Abhängigkeit vom Beleuchtungs- und Beobachtungswinkel wider. Vorbild für solche Effektpigmente sind Effekte in der Natur: Käferpanzer und Schmetterlingsflügel schillern in vielen Farben, die vom Winkel des einfallenden Lichts und dem Winkel der Beobachtung abhängig sind. Sie entstehen – wie bei den künstlichen

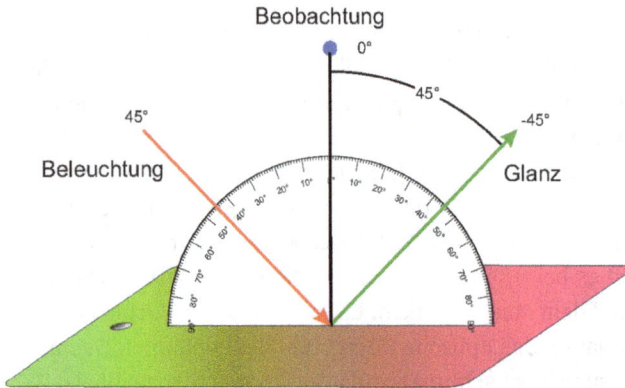

Abb. 3.18: Bei der gerichteten Messung wird die Messprobe beispielsweise unter 45° beleuchtet. Gemessen wird in der Normalen bei 0°, d. h. 45° vom Glanzwinkel.

Pigmenten – durch Strukturen, die das Licht durch Brechung und Reflexionen manipuliert. Ein schönes Beispiel ist der Abdruck eines Käfers aus der Grube Messel bei Darmstadt, der noch nach 47 Mio. Jahren bunt schimmert (Abbildung 3.19).

Abb. 3.19: Auch nach 47 Millionen Jahren erkennt man Farben bei diesem Abdruck eines Käfers aus der Gruppe Messel. Foto: Torsten Wappler, Hessisches Landesmuseum Darmstadt.

4 Hinter dem Auge = Physiologie + Psychologie

Die Überschrift dieses Kapitels ist bildlich und als Metapher zu verstehen: Gemeint sind alle Vorgänge, die im Auge und anschließend im Gehirn passieren. Die Überschrift soll den Gegensatz zu den Vorgängen *vor dem Auge* verdeutlichen, die im vorherigen Kapitel beschrieben wurden.

Die Abläufe, die hinter dem Auge passieren, sind physiologisch und psychologisch zu erklären. Und dazu gehören die Reaktionen des Auges auf die einfallenden Lichtstrahlen und die Vorgänge im Gehirn. Insgesamt kann man diesen Komplex als *Übersetzung der Lichtstrahlen in Farben* bezeichnen.

Es geht aber nicht nur um einzelne Farben, sondern auch um das Bild, welches wir uns von unserer Umgebung machen. Die Wahrnehmung der Farben in diesem Bild kann vielfältig beeinflusst werden, was unterschiedliche Reaktionen im Gehirn auslöst (z. B.: Kontraste, Umgebungsfarben, usw.).

Da stellt sich die Frage, ob das Bild, welches wir sehen oder zu sehen glauben, der Wirklichkeit entspricht. Das Auge und das Gehirn als Übersetzer der Wirklichkeit! Auch ein Maler oder ein Fotograf bildet die Wirklichkeit nach eigenen Vorstellungen ab: Der Maler hat eine Anzahl von Farben (Pigmenten), mit denen er durch Kombination der Farben und deren Mischungen ein Abbild der Wirklichkeit erschafft. Dieses Abbild kann impressionistisch, expressionistisch oder abstrakt sein, um einige Stile zu nennen.

Auch der Fotograf übersetzt die Wirklichkeit – zu mindestens Teile davon – auf sein Foto. Analoge Filme haben ihre Beschränkungen genauso wie digitale Sensoren in den modernen Kameras. RGB – Rot, Grün und Blau – heißt das Farbsystem, auf dem diese Übersetzung beruht. Und dieses RGB-System ist deutlich kleiner als das Farbsystem des Auges. Wir schauen ein Foto wiederum mit unserem Auge an, so dass diese Übersetzung der Wirklichkeit ein zweites Mal übersetzt wird.

4.1 Das Auge als Lichtempfänger

Ungefähr 4/5 aller Sinnesreize kommen vom Auge. Das zeigt die Bedeutung des Auges für unser Leben. Mit ihm finden wir uns in der Umgebung zurecht und können uns in ihr gefahrlos bewegen (Abbildung 4.1).

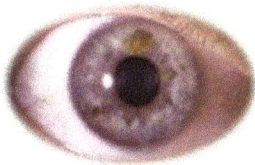

Abb. 4.1: Das Auge ist der visuelle Kontakt zur Außenwelt. Es besitzt vorne eine einfache Linse mit einer Pupille, die den Lichteinfall reflektorisch steuert.

https://doi.org/10.1515/9783110793918-004

Das Auge befindet sich in der Augenhöhle und wird von sechs Augenmuskeln gehalten und gesteuert. Mit vier geraden und zwei schrägen Augenmuskeln können Punkte in der Umgebung fixiert werden. Die Lichtstrahlen treffen zunächst auf die Linse, die sie auf den Gelben Fleck auf der Netzhaut fokussiert. Vor der Linse befindet sich die Iris, die die Pupille, das Augenloch, umschließt. Und die Iris steuert reflektorisch den Lichteinfall ins Auge.

In der Netzhaut befinden sich zwei markante Punkte: Im Gelben Fleck findet das Scharfsehen statt, im Blinden Fleck verlässt der Sehnerv das Auge. In der Netzhaut befinden sich außerdem zwei Arten von lichtempfindlichen Zellen. Die Stäbchen ermöglichen das Hell-Dunkel-Sehen, sie sind über die gesamte Netzhaut verteilt. Die Zapfen ermöglichen das Farbsehen, sie sind konzentriert im Gelben Fleck (Abbildung 4.2). Von ihnen gibt es drei Arten, die für unterschiedliche Wellenlängenbereiche empfindlich sind, nämlich für den blauen, grünen und roten Spektralbereich (Abbildung 4.3).

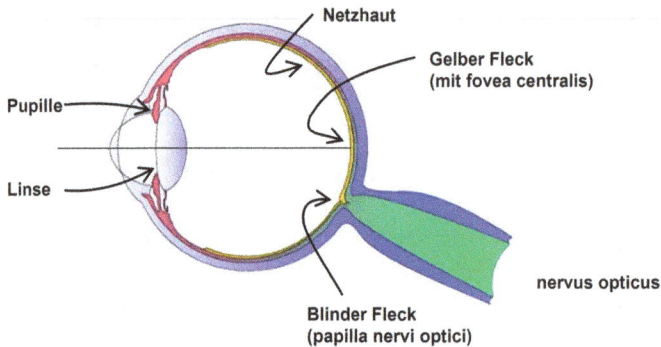

Abb. 4.2: Lichtstrahlen werden von der Linse auf den Gelben Fleck fokussiert. Der optische Nerv verlässt den Augapfel im Blinden Fleck.

Da es von Weichteilen keine Fossilien gibt, kann man bestimmte Entwicklungen des Auges nur vermuten: Zunächst hat sich die Fähigkeit zum Schwarz-Weiß-Sehen ausgebildet (Abbildung 4.4). Danach folgte das Blau-Gelb-Sehen. Die Entwicklung der grünen Zapfen – gentechnisch aus den roten Zapfen entstanden – führte dann zum Rot-Grün-Sehen. Da dieser Vorgang vermutlich vor 30 Mio. Jahren stattgefunden hat und entwicklungsgeschichtlich somit relativ jung ist, gibt es hier die meisten Farbenfehlsichtigkeiten (ca. 9 % der Männer sind Rot-Grün-fehlsichtig). Der Vorteil des Rot-Grün-Sehens liegt evolutionstechnisch im Erkennen von roten Früchten und deren Reifegrad. Auch bei Verletzungen bildet das Blut einen deutlichen Warnhinweis ebenso wie das Feuer.

Dieses trichromatische Sehen – beruhend auf Empfindlichkeiten der drei Farbzapfen – ist auf einen kleinen Spektralbereich fokussiert; wir sehen in dieser Nische nur das, was wir aus ökologischen Gründen sehen müssen. Das Sehen im UV- oder

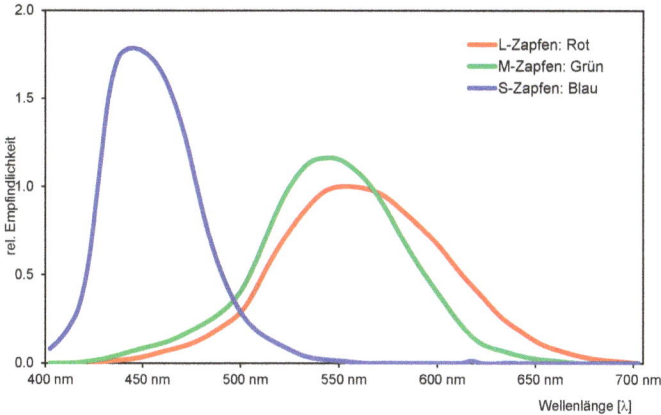

Abb. 4.3: Die Zapfen sind fürs Farbensehen verantwortlich: Sie sind jeweils für den blauen, grünen und roten Spektralbereich empfindlich.

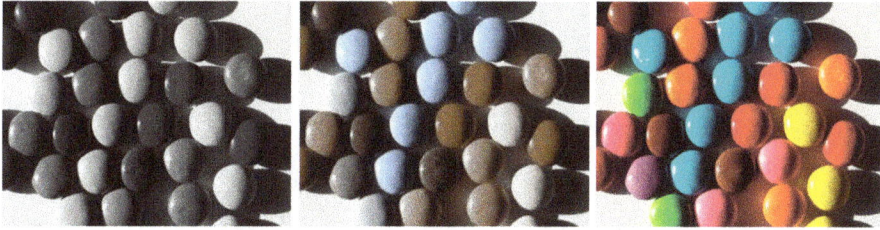

Abb. 4.4: Vermutlich fand die Evolution des menschlichen Auges in diesen Schritten von links nach rechts statt: zunächst Schwarz-Weiß-Sehen, dann zusätzlich Gelb-Blau-Sehen und danach zusätzlich Rot-Grün-Sehen.

IR-Bereich ist uns nicht möglich. Die grünen und roten Zapfen liegen in ihrer Empfindlichkeit so nahe beieinander, dass wir *kein Dunkelgelb* sehen können – das Sehen von Dunkelblau, Dunkelgrün und Dunkelrot ist dagegen kein Problem.

Die Zapfen – insbesondere die Blau-empfindlichen – sind hauptsächlich im Gelben Fleck zu finden. Ihre maximale Empfindlichkeit liegt bei 555 nm, was dem Intensitätsmaximum der Sonne entspricht. In der Dämmerung sehen wir mit den Stäbchen, deren Empfindlichkeitsmaximum bei 507 nm liegt (Abbildung 4.5).

Ist ein Zapfen ungenügend oder nicht ausgebildet, so ist eine Farbenfehlsichtigkeit die Folge. In den meisten Fällen handelt es sich um eine Rot-Grün-Fehlsichtigkeit. Sie ist dominant auf Männer vererbbar: Fast 9 % aller Männer sind Rot-Grün-blind, wobei die Farbenfehlsichtigkeit, oft Farbenblindheit bezeichnet, unterschiedlich stark sein kann. Eine Gelb-Blau-Fehlsichtigkeit ist selten (Abbildungen 4.6, 4.7, 4.8).

Betrachtet man die Empfindlichkeiten der Zapfen über das gesamte Farbspektrum, so stellt man die maximale Empfindlichkeit des menschlichen Auges im Grünbereich fest. Der Rotbereich ist vergleichsweise gering empfindlich: Wenn nur wenig

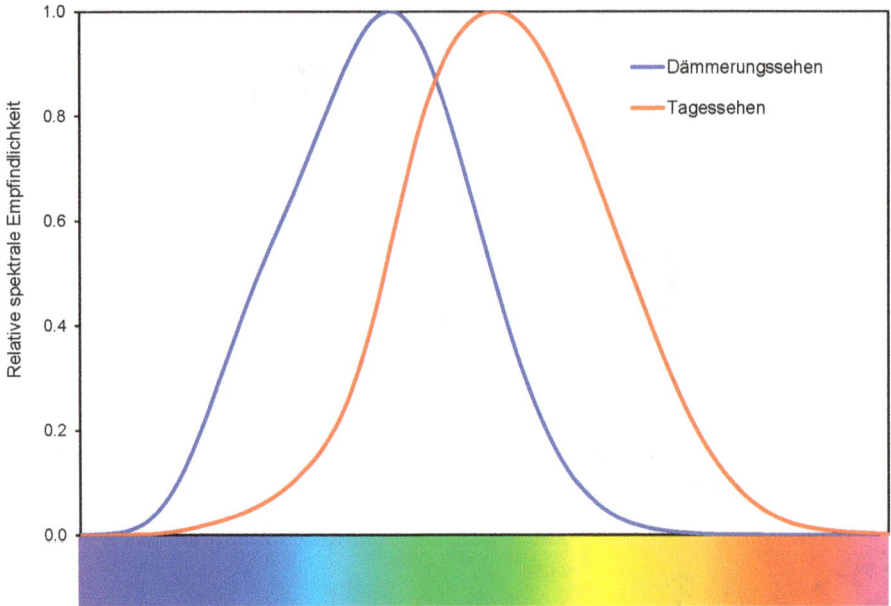

Abb. 4.5: Die maximale Empfindlichkeit des menschlichen Auges liegt im grünen Bereich, bei 555 nm fürs Tages- und bei 507 nm fürs Dämmerungssehen.

Abb. 4.6: Das rote Fahrzeug mit einer grünen Tür, rechts Simulation eines Rot-Grün-Fehlsichtigen.

Umgebungshelligkeit vorhanden ist, erkennen wir Grün zunächst als Hellgrau. Mit steigender Helligkeit wird aus dem Grau ein Grün, erst danach erkennen wir mit weiterer Helligkeitssteigerung Rot. Dieses Phänomen machen sich U-Boot-Fahrer zunutze, die im Inneren ihres U-Bootes rotes Licht einschalten. Tauchen sie nun nachts auf, so können sie sofort im Dunkeln sehen, ohne dass sich das Auge adaptieren muss (Abbildung 4.9).

Die Linse des menschlichen Auges verhält sich wie jede andere optische Linse: Die chromatische Aberration sorgt für unterschiedliche Ablenkungen der Lichtstrahlen. Lichtstrahlen mit kurzen, blauen Wellenlängen werden stärker abgelenkt als solche

Abb. 4.7: Während die Frauen links noch unterschiedlich farbig erscheinen, relativiert sich bei einem Rot-Grün-Fehlsichtigen das Bild.

Abb. 4.8: Im Vergleich beider Bilder erkennt man, dass bei einem Rot-Grün-Fehlsichtigen die Blau- und Gelbanteile erhalten bleiben: Das Violett im oberen Bereich „verliert" seinen Rotanteil und wird Blau, das Grün seinen Grünanteil und wird Gelb.

mit langen, roten Wellenlängen. Diese unterschiedlichen Brennweiten führen zu unterschiedlichen Bildabständen zur optischen Achse der Linse. Die Linse verstellt sich entsprechend, um die Lichtstrahlen im Blinden Fleck zu fokussieren. Dieses Phänomen führt beispielsweise bei violetten Farben oder blauer Schrift auf rotem Untergrund oder umgekehrt zu permanenten Bewegungen der Linse, was wiederum zum Flimmern führt.

Interessant sind unsere Gesichtsfeldgrenzen (Perimetrie): Blicken wir im Ruhezustand des Auges exakt geradeaus, so haben wir seitlich – ohne die Blickrichtung zu ändern – eine unterschiedliche Wahrnehmung der Farben. Die Hell-Dunkel-Wahrnehmung (Schwarz und Weiß) reicht am weitesten vom fixierten Mittelpunkt. Sehr weit liegt die Grenze für Gelb und Blau, während die Wahrnehmung von Rot und insbesondere von Grün engere Grenzen besitzt. Die Ursache liegt in der unterschiedlichen Verteilung der Stäbchen und Zapfen in der Netzhaut (Abbildung 4.10). Von der Netzhaut werden die optischen Reize über den Sehnerv zum Gehirn weitergeleitet und dort zu Farben verarbeitet.

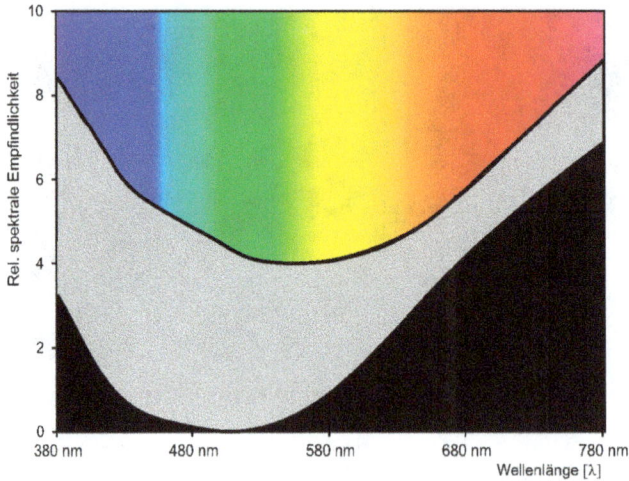

Abb. 4.9: Farben bemerken wir je nach Umgebungslicht unterschiedlich stark: Grüne Farben sehen wir zunächst als Grau, mit mehr Licht sehen wir dann Grün als Grün, Rot ist noch Grau. Erst mit noch mehr Licht wird Rot zu Rot.

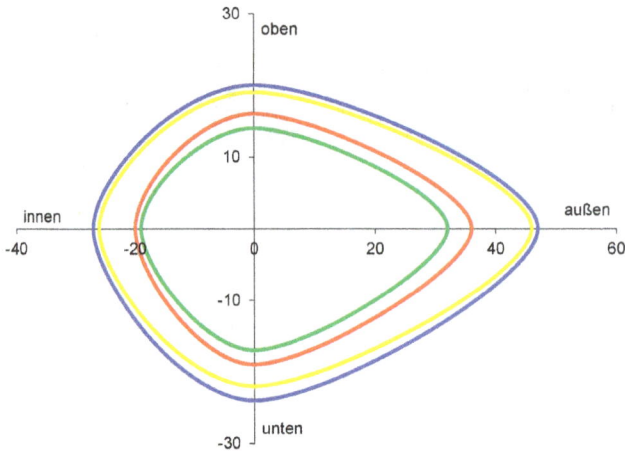

Abb. 4.10: Die Gesichtsfeldgrenzen zeigen die unterschiedliche Empfindlichkeit der Netzhaut des rechten Auges für Farben (innen = Nasenseite).

Erwähnenswert ist ein Phänomen, das durch eine rotierende Benham-Scheibe auf-tritt. Sie ist nach Charles Benham benannt und besteht aus einer Scheibe, die hälftig schwarz mit einigen zusätzlichen Kreissegmenten im weißen Bereich besteht (Ab-bildung 4.11). Beim Drehen erkennt man die nicht sehr intensiven Farben Rot, Grün und Blau. Dieses Phänomen hatte schon Gustav Theodor Fechner (1801–1887) in sei-ner Psychophysik mit der Verbindung zwischen dem physikalischen Reiz (Licht) und der physiologischen Sinnesempfindung beschrieben. Auch Hermann von Helmholtz

Abb. 4.11: Dreht man diese Scheibe, so erkennt drei Farben (schwach). Durch die Schwarz-Weiß-Abfolge werden die Zapfen angeregt.

(1821–1894) fand heraus, dass man mit drei Zapfen (Grundfarben) alle Farben mischen kann.

Die Entstehung der Farben mit dieser Scheibe beruht auf unterschiedlichen Frequenzen der Schwarz-Weiß-Abfolge. Da entsprechende Wahrnehmungseffekte nur bei den Zapfen der menschlichen Netzhaut auftreten, lassen sie sich nicht fotografieren. Photosensoren der digitalen oder Filme der analogen Kameras sind statisch.

Aus Schwarz-Weiß Farbe zu erzeugen, ist ein faszinierendes Phänomen! In der griechischen Philosophie gab es die Vorstellung, dass wir mit unseren Augen die Umgebung beleuchten und deshalb sehen („in Augenschein nehmen").

4.2 Das Gehirn

Die Reize, die die Lichtstrahlen in der Netzhaut ausgelöst haben, werden über die optischen Nerven zum Gehirn geleitet. Diese Nerven kreuzen sich auf dem Weg zum Gehirn und liefern getrennte Informationen, die im Gehirn zusammengesetzt werden.

Dies lässt sich nachweisen, indem man eine Brille mit einem gelben und einem blauen Glas aufsetzt, so dass ein Auge die Umgebung in Gelb und das andere die Umgebung in Blau „sieht". Das Gehirn mischt beide Informationen zu einem neutralen Weiß oder Grau, d. h. wir sehen die Umgebung genauso, wie wir sie ohne diese Brille sehen. Hinweis: Das Gehirn mischt die beiden farbigen Bilder *nicht* zu einem grünen Bild (Abbildung 4.12)!

Das additive Mischverhalten unseres Gehirns lässt sich auch anhand eines Versuchs nachweisen. Hierzu lässt man eine Scheibe rotieren, die teilweise gelb und teilweise blau ist. Aufgrund der Drehbewegung kann das Auge die einzelnen Farben nicht mehr unterscheiden. Das Gehirn mischt die Informationen und erzeugt *kein* Grün. Goethe hatte einen ähnlichen Apparat gebaut und dieses Phänomen beobachtet. Da ihm das Ergebnis aber nicht „in den Kram" passte, nannte er es „scheinbare Mischung": „Unter dem Apparat wird künftig durch das Schwungrad abgehandelt werden, auf welchem die scheinbare Mischung durch Schnelligkeit hervorgebracht wird. Auf einer Scheibe bringt man verschiedene Farben im Kreise neben einander an,

Abb. 4.12: Blickt man durch eine Brille mit einem gelben und einem blauen Glas, so sieht man keinen Unterschied, wenn man die Brille absetzt: Das Gehirn mischt das gelbe und das blaue Bild additiv zu einem neutralen.

dreht dieselben durch die Gewalt des Schwunges mit größter Geschwindigkeit herum, und kann so, wenn man mehrere Scheiben zubereitet, alle möglichen Mischungen vor Augen stellen, so wie zuletzt auch die Mischung aller Farben zum Grau naturgemäß auf oben angezeigte Weise" XLV Mischung, 561, vgl. Abbildung 4.13.

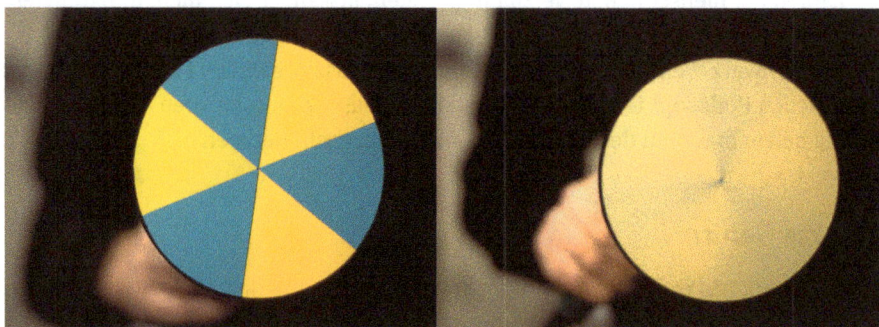

Abb. 4.13: Dreht man eine Scheibe mit gelben und blauen Feldern, so mischt das Gehirn diese nicht zu Grün!

4.3 Der Farbkreis

Die großartigste Leistung des Gehirns ist die Verbindung der Farbsignale vom jeweiligen Spektrumsende zum Purpur (Abbildung 4.14). Diese Farbe existiert *nicht* als Farbe im Farbspektrum mit eigener Spektrallinie, sondern nur als Farbe im Gehirn (Abbildung 4.15)! In der Spektralkurve einer Purpurfarbe (Künstlerfarbe, Autolack etc.) sind deutlich die roten und blauvioletten Anteile am jeweiligen Spektrumsende zu erkennen.

Durch die Verbindung der beiden Spektrumsenden zur neuen Farbe Purpur schließen sich die Farben zum *Farbkreis*! Und dieser existiert nur im Gehirn! Von Gelb über Orange nach Rot und von Rot über Purpur nach Blau, dann nach Grün und weiter nach Gelb bilden die Farben einen Kreis (Abbildung 4.16). Der Farbkreis

Abb. 4.14: Draußen vor dem Auge können die Lichtstrahlen über Farben beschrieben werden, die sie im Auge und Gehirn auslösen.

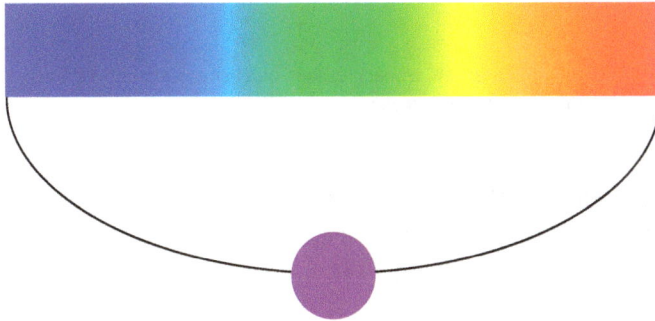

Abb. 4.15: Die größte Leistung des Gehirns besteht in der Verbindung der beiden Endfarben des Spektrums zu Purpur. Diese Farbe existiert nicht im Spektrum!

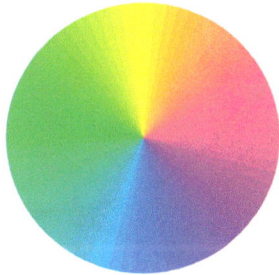

Abb. 4.16: Der Farbkreis zeigt die Anordnung der Farben. Er existiert nur bei uns im Kopf!

spiegelt also die Reihenfolge der Farben untereinander wider. Er zeigt beispielsweise nicht, dass wir Gelb wesentlich heller als Blau empfinden.

Ein gemalter Farbkreis durch Mischen von Farben ist im eigentlichen Sinn kein Farbkreis. Die kreisförmige Anordnung zeigt hier nur die Reihenfolge der Farben durch Mischen, sie sagt nichts über unser Empfinden aus.

Dass unsere Empfindung nicht mit dem physikalischen Mischen beispielsweise von Künstlerfarben übereinstimmt, zeigt auch die Theorie der Gegenfarben, die der Physiologe Ewald Hering Ende des 20. Jahrhunderts postulierte (Abbildung 4.17): Danach kann kein Gelb bläulich, sondern nur rötlich oder grünlich sein. Umgekehrt gilt das Gleiche: Kein Blau kann gelblich sein. Auch kann kein Grün rötlich und kein Rot grünlich sein. Seine Theorie stand zunächst im Widerspruch zu der Drei-Farben-

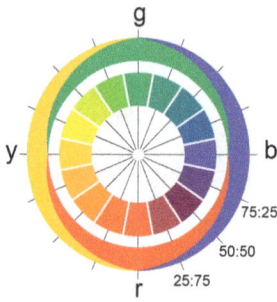

Abb. 4.17: Ewald Hering postulierte die Gegenfarben, wonach es kein bläuliches Gelb und kein gelbliches Blau gibt. Es existiert auch kein grünliches Rot sowie kein rötliches Grün.

Theorie von Hermann von Helmholtz (beruhend auf den drei Zapfen in der Netzhaut). Johannes von Kries verband beide Theorien zur Zonentheorie, die auf einer peripheren und einer zentralen Zone beruht (Abbildung 4.18).

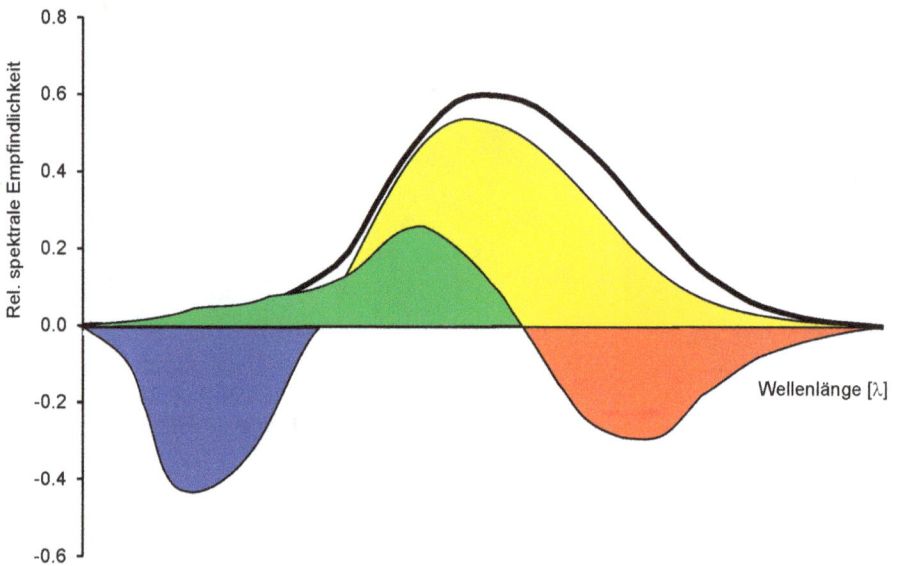

Abb. 4.18: Johannes von Kries formulierte seine Zonentheorie, wonach im peripheren Bereich die Informationen über die drei Zapfen hereinkommen, die im zentralen Bereich als komplementäre Reaktion von Gegenfarben (Gelb/Blau und Rot/Grün) ausgewertet werden.

Wir empfinden Farben in Form eines Koordinatensystems, in dem sich Gelb und Blau auf einer y-Achse (b*-Achse) gegenüberstehen. Auf der dazu senkrechten x-Achse (a*-Achse) sind Grün und Rot angeordnet. Mit dieser Anordnung lässt sich jede Farbe eindeutig zuordnen: Ein Orange wird aus Anteilen von Gelb und Rot gebildet. Entsprechend setzt sich ein Türkis aus Anteilen von Blau und Grün zusammen (Abbildung 4.19). Die Achse der Helligkeit steht senkrecht im Nullpunkt; sie wird in der Regel separat dargestellt.

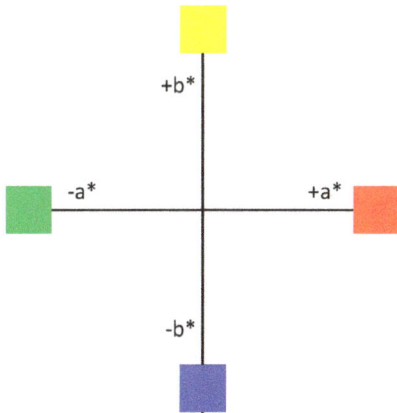

Abb. 4.19: Die moderne Farbbeschreibung beruht ebenfalls auf Gegenfarben. Hier stehen sich im Koordinatensystem jeweils Rot-Grün und Gelb-Blau gegenüber. Senkrecht im Mittelpunkt steht die Helligkeitsachse (L*), die in der Regel separat angezeigt wird.

Oft werden drei Grundfarben angenommen, weil sich Grün aus Gelb und Blau mischen lässt. Dabei sind mehrere Aspekte zu bedenken: Erstens handelt es sich hierbei um einen physikalisch definierten Mischvorgang, der vor dem Auge stattfindet und mit dem Sehen sowie der Wahrnehmung nichts zu tun hat. Zweitens ist dem Auge vollkommen egal, ob es ein Grün (Pigment) oder eine Mischung aus Gelb und Blau (Pigmente) sieht. Und drittens reflektieren Gelb und Blau (Pigmente) auch im Grünbereich des sichtbaren Spektrums: Grün ist in beiden schon enthalten. Die Reflexionsanteile im Grünbereich bleiben beim Mischen übrig. Insofern ist Grün keine Mischfarbe! Diese Aussage wird durch Messungen der Ausgangs- und der Mischfarben bestätigt (Abbildung 4.20).

4.4 Was ist das denn?

Sicherlich hat jeder schon einmal farbige Nachbilder erlebt. Man schaut für einen längeren Moment gegen eine farbige Fläche oder auf ein farbiges Objekt und dann plötzlich gegen eine weiße Fläche: Die vorher angeschaute Fläche oder das Objekt erscheint nun in komplementären Farben. Auch hier stellt man fest, dass diese komplementären Farben, die im Gehirn erzeugt werden, anders als diejenigen sind, die man durch Mischen mit Buntpigmenten erhält (Abbildung 4.21).

Verantwortlich für diesen Effekt ist das Rhodopsin (Sehpurpur) in den Zapfen. Es wird laufend erneuert, was etwas Zeit in Anspruch nimmt. Deshalb wirken bei einem

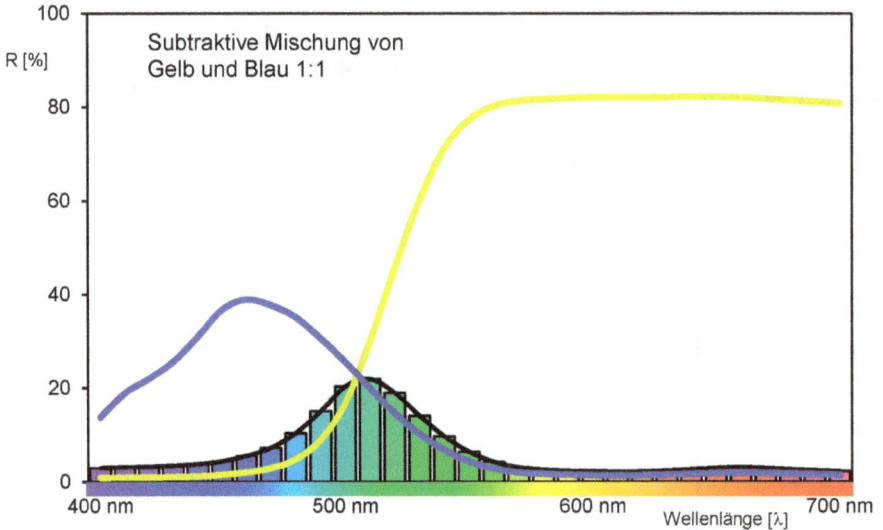

Abb. 4.20: In diesem Diagramm sind die Reflexionskurven der beiden Ausgangsfarben Gelb und Blau eingetragen. Beide reflektieren auch im grünen Bereich, der beim Mischen von Gelb und Blau „übrigbleibt". Grün ist in beiden Farben schon enthalten.

Abb. 4.21: Fixiert man mit einem Auge den schwarzen Punkt im Bild für etwa 20 Sekunden und guckt dann abrupt gegen eine weiße Fläche, sieht man die komplementären Farben.

Nachbild die „frischen" Zapfen, bis nach wenigen Sekunden wieder „normal" gesehen wird.

In seinem Buch „Zur Farbenlehre" beschreibt Goethe das Nachbild-Phänomen wesentlich schöner: „Als ich gegen Abend in ein Wirtshaus eintrat und ein wohlgewachsenes Mädchen mit blendendweißem Gesicht, schwarzen Haaren und einem scharlachroten Mieder zu mir ins Zimmer trat, blickte ich sie, die in einiger Entfernung vor mir stand, in der Halbdämmerung scharf an. Indem sie sich nun darauf hinwegbewegte, sah ich auf der mir entgegenstehenden weißen Wand ein schwarzes Gesicht, mit einem hellen Schein umgeben, und die übrige Bekleidung der völlig deutlichen Figur erschien von einem schönen Meergrün."

4.5 Parken und Unterscheiden

Es gibt noch zwei erwähnenswerte Eigenschaften des Gehirns: Es kann keine Farbe „parken", d. h. es kann sich keine Farbe eindeutig merken. Ohne Standard oder Muster lässt sich keine Farbe nachstellen. Das gilt für Ausmischungen mit Künstlerfarben genauso wie für Kleidungsstücke, an deren exakte Farbe wir uns kaum erinnern oder diese beschreiben können. Es ist unmöglich, jemandem in Australien eine Farbe am Telefon so zu beschreiben, dass er oder sie sich dieselbe Farbe vorstellt.

Haben wir ein buntes Kleidungsstück und wollen die gleiche Farbe in einem Geschäft bei einem anderen Teil wählen, geht das Ansinnen meistens daneben, wenn wir das Teil zum Farbvergleich nicht mitgenommen haben.

Ein anderes Beispiel sind Zeugenaussagen nach einem Autounfall: Die Vielfalt der Farben, die Zeugen bezüglich eines bestimmten Gegenstandes nennen, ist erstaunlich. Obwohl die Zeugen das Ereignis miterlebt haben, können sie sich an die Farben der beteiligten Autos nicht exakt erinnern (vgl. Abbildung 4.22).

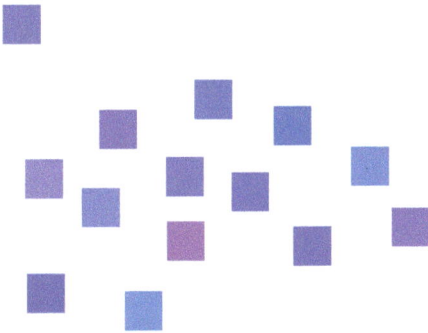

Abb. 4.22: Links oben betrachtet man das blaue Quadrat, während man die anderen zudeckt. Dann verdeckt man obere linke Quadrat und versucht dieses in der Menge wiederzufinden.

Eine bekannte Wochenzeitung erklärte mit der Vielzahl an Farbnamen, dass wir die Farben unterschiedlich sehen. Solche Namen sind nicht sehr aussagekräftig. Sicherlich würden Personen gleiche Farben unterschiedlich benennen („intensivblau" oder „stahlblau"), aber zur „Datenübertragung" eignen sich Farbnamen überhaupt nicht! Die zweite Eigenschaft betrifft den Vergleich von Farben, um Farbunterschiede festzustellen. Hier arbeitet das Gehirn meisterlich. Im direkten Vergleich kann das Gehirn ohne Probleme Unterschiede bei den Farben erkennen (Abbildungen 4.23, 4.24).

4.6 Logarithmisches Denken

Der Psychologe Ernst Heinrich Weber stellte im 19. Jahrhundert fest, dass eine Änderung der Wahrnehmung von der Größe des Ausgangsreizes abhängt. Er postulierte

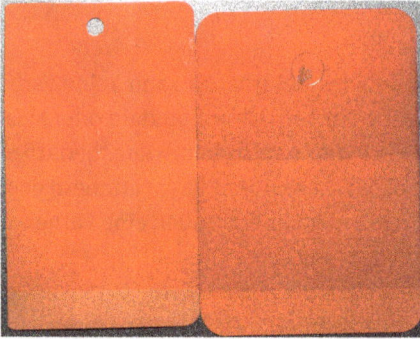

Abb. 4.23: Das Auge kann Nuancen gut unterscheiden.

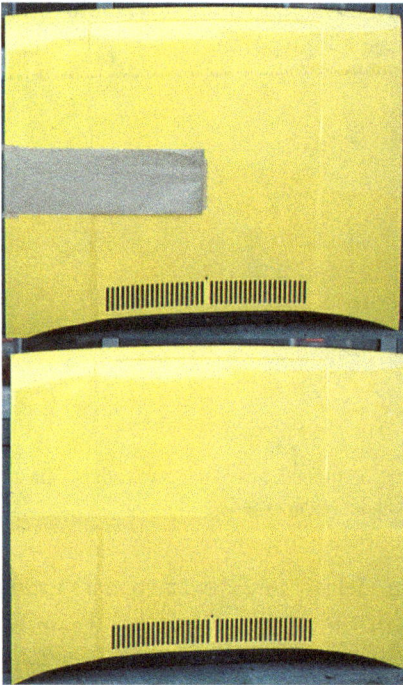

Abb. 4.24: Farbverläufe sind fürs Auge schwer erkennbar. Bei der Reparaturlackierung eines Autos wird meistens verlaufend in die angrenzenden Flächen lackiert. Diese Motorhaube wurde kreisförmig mit verschiedenen Gelbs lackiert. Wird die Stoßkante verdeckt, fallen die Unterschiede nicht auf.

eine Konstante, die sich aus dem Quotienten der Wahrnehmungsdifferenz zum Gesamtreiz ergibt. Von dem Physiker Gustav Theodor Fechner wurde dieses Gesetz durch eine logarithmische Komponente erweitert: Eine Sinnesempfindung steigt linear beim logarithmischen Anstieg des Reizes, d. h. zwischen dem Reiz und seiner Wahrnehmung besteht ein logarithmischer Zusammenhang. Wird beispielsweise die Lichtstärke verdoppelt, neben wir eine Verdopplung nicht wahr. Beim linearen Mischen von Farben (Pigmenten) nehmen wir „Sprünge" wahr, wir empfinden sie nicht als gleichabständig. Erst beim logarithmischen Mischen erreicht man empfindungsgemäß gleiche Abstände. Abbildung 4.25 zeigt als Beispiel das Mischen von Weiß und Schwarz.

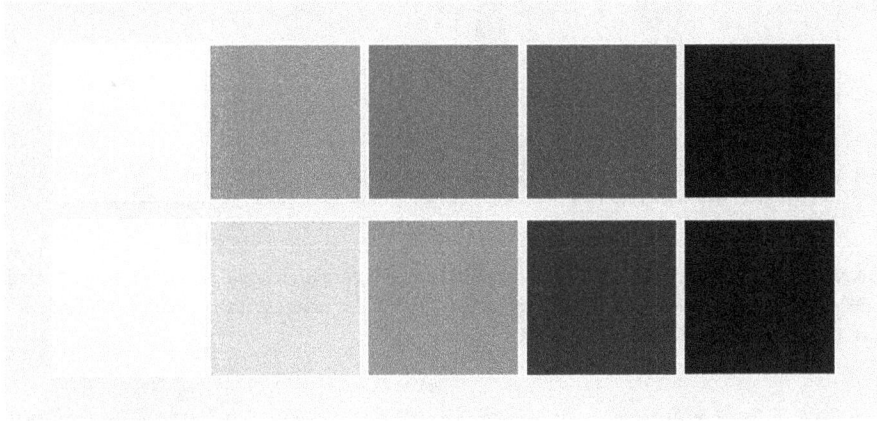

Abb. 4.25: Oben eine lineare Abstufung zwischen Weiß und Schwarz, unten eine logarithmische Abstufung.

Das Gehirn setzt die optischen Reize zu einem Gesamtfarbeindruck zusammen: Wir können die spektralen Anteile einer Farbe (Pigment) nicht auseinanderhalten. Deshalb können wir nicht erkennen, dass alle sogenannten Körperfarben (Pigmente) im *gesamten* Spektralbereich Licht reflektieren. Sie sind also nicht monochromatisch! Ein Rot reflektiert nicht nur im roten Spektralbereich, sondern auch im blauen, grünen und gelben Bereich. Gelb reflektiert nicht nur stark im gelben, sondern auch im roten und grünen Spektralbereich. Diese Anteile setzt das Gehirn additiv zu Gelb zusammen. Da Gelb über diesen großen Spektralbereich stark reflektiert, erscheint es uns auch heller als Grün mit dessen relativ kleinem, maximalem Spektralbereich (Abbildung 4.26).

4.7 Grün ist nicht gleich Grün

Wenn wir bestimmte optische Eigenschaften der Pigmente nicht erkennen und damit nicht sehen, stellt sich die Frage, was wir überhaupt sehen und ob die Wirklichkeit wirklich ist, zumal unser Farbempfinden noch von vielen Faktoren beeinflusst wird und werden kann: So können Farben in der Umgebung unsere Farbeindrücke ebenso

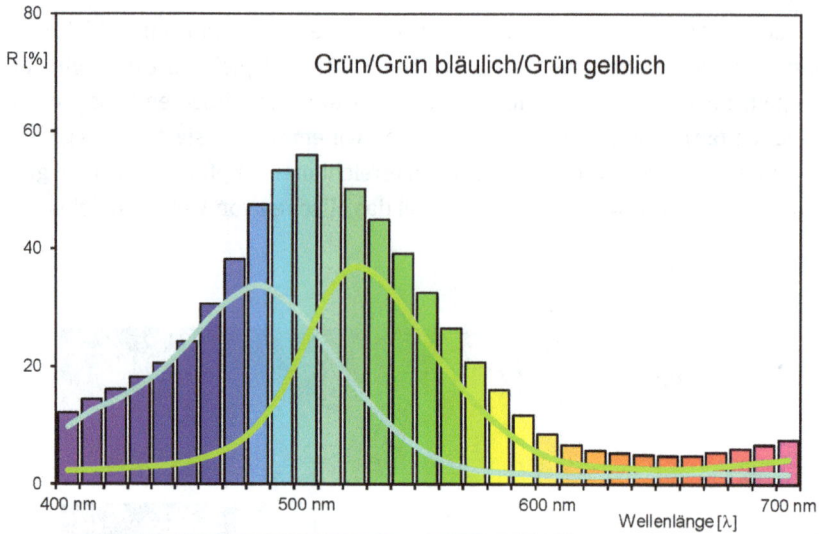

Abb. 4.26: Wie alle Buntpigmente reflektiert Grün über den gesamten Spektralbereich. Es gibt keine schwarzen Löcher. Je nach Farbrichtung kann ein Grün bläulich oder gelblich sein (siehe Reflexionskurven im Vergleich zum Säulendiagramm).

beeinflussen wie Kontraste jeglicher Art: Ein Grün sieht in gelber Umgebung gelblicher und in blauer bläulicher aus. Das Gehirn lässt sich also täuschen, weswegen die Frage nach der Wirklichkeit durchaus berechtigt ist (Abbildung 4.27).

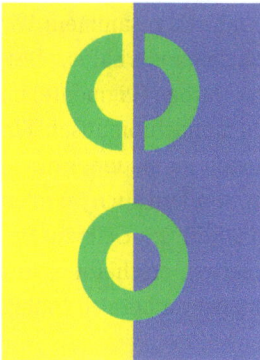

Abb. 4.27: Teilt man den grünen Ring, so erscheint das Grün je nach Hintergrundfarbe anders.

Aus diesen Aspekten ergeben sich interessante Farbkombinationen, die auch zeigen, dass Farben nur im Gehirn entstehen. Dieses lässt sich täuschen, wenn ihm etwas „vorgegaukelt" wird.

In einer Abfolge von Ringen in zwei verschiedenen Farben wird ein Ring durch eine andere Farbe ersetzt. In der Abfolge von blauen und grünen Ringen ersetzt man beispielsweise einen Ring durch einen roten (Abbildung 4.28). Oder in der Abfolge von blauen und gelben Ringen ersetzt man einen Ring durch einen grünen Ring (Abbildung 4.29). Ändert man die Reihenfolge der Farben, ändert sich auch der Farbeindruck des jeweils ersetzten Rings: Von Orangerot zu Pinkrot und von gelblichem zu bläulichem Grün. Man kann eine Vielzahl derartiger Phänomene darstellen – Grenzen gibt es nicht (Abbildung 4.30).

Abb. 4.28: Die geänderte Reihenfolge der grünen und blauen Kreise lassen das Rot unterschiedlich erscheinen. Im unteren Teil des Bildes ist zu erkennen, dass beide Rots gleich sind.

Abb. 4.29: So unterschiedlich kann Grün sein – in unserer Wahrnehmung. Beide Grüns sind gleich!

Abb. 4.30: Man könnte meinen, beide Farbkreise rechts und links hätten nichts miteinander zu tun. Sie sind ebenfalls gleich.

Weitere Phänomene mit Farbreihenfolgen lassen sich mit grauen Feldern erzeugen. Dazu baut man ein Bild aus roten, grünen und blauen Linien auf. Setzt man beispielsweise graue Quadrate vor diese Linien, so ist für uns der Eindruck von ihnen unverändert grau. Legen wir nun die blauen Linien vor ein graues Quadrat, so erscheint dieses Grau bläulich, obwohl wir seine physikalische Farbe nicht geändert haben. Das Gleiche gilt, wenn wir jeweils die roten oder grünen Linien vor ein graues Quadrat legen: Es erscheint dann rötlich bzw. grünlich. Man kann den Effekt steigern, in dem man jeweils zwei Linienfarben vor ein graues Quadrat legt. Grüne und rote Linien lassen das graue Quadrat gelblich erscheinen (additives Mischen!), rote und blaue Linien führen zu einem pinkfarbenen sowie blaue und grüne Linien zu einem türkisfarbenen Eindruck (Abbildung 4.31).

4.8 Die Farbmetrik

Es stellt sich die Frage, wie Farbe objektiv beschrieben werden kann. Eine Möglichkeit sind Zahlen anstelle von Farbnamen, die bei jedem eine individuelle Vorstellung hervorrufen. Die Beschreibung der roten Bluse vom Freund oder Freundin wird vom Gesprächspartner wahrscheinlich anders imaginiert, wenn die Bluse nicht „anwesend" ist.

Gedanken über eine Verknüpfung der physikalischen Auslöser des Farbreizes mit der Farbwahrnehmung hatte sich die Internationale Beleuchtungskommission (CIE – Commission Internationale de l'Éclairage) schon in den 1920er Jahren gemacht. Im Jahr 1931 wurde das CIE-Normvalenzsystem (auch CIE-Normfarbsystem) veröffent-

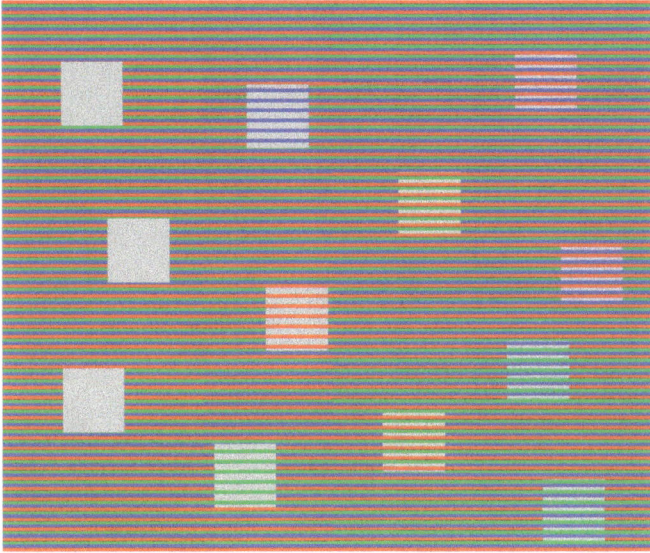

Abb. 4.31: Vor eine Abfolge von roten, grünen und blauen Linien sind graue Quadrate gelegt (links). Bei einigen sind jeweils eine Linienfarbe nach vorne gelegt (Mitte). Dadurch erscheinen die grauen Felder bläulich, rötlich und grünlich. Legt man jeweils zwei Linienfarben nach vorne, so nimmt man die grauen Quadrate als Grüngelb, Pink und Türkis wahr.

licht. Dieses beruht auf Versuchen von David Wright und John Guild. Mit Hilfe von sogenannten Normalbeobachtern wurden Farben visuell nachgestellt. Diese mussten eine vorgegebene Farbe mit Hilfe der drei Lichtfarben Rot (700 nm), Grün (546,1 nm) und Blau (435,8 nm) nachstellen. Dabei war eine Farbe auf der einen Seite eines geteilten Schirms vorgegeben, die sie auf der anderen Seite des Schirms durch Justieren der drei Lichtquellen in Übereinstimmung bringen sollten. Bei bestimmten vorgegebenen Farben war eine Übereinstimmung nur möglich, indem zusätzlich rotes Licht der vorgegebenen Farbe zugemischt wurde. Dadurch ergaben sich für die rote Primärfarbe auch negative Werte (Abbildung 4.32).

Die Werte der Normalbeobachter lassen sich in positive Spektralwerte umrechnen:

$$x = 2.7689r + 1.7518g + 1.1302b,$$
$$y = 1.0000r + 4.5907g + 0.0601b,$$
$$z = 0.0565g + 5.5943b.$$

Sie gelten noch heute und werden sowohl für den 2°- als auch für den 10°-Normalbeobachter angegeben (Abbildung 4.33). Diese Gradangaben beziehen sich auf das jeweilige Sichtfeld: Bei einem Sichtfeld von 2° blickt man beispielsweise auf eine Münze, die man mit ausgestrecktem Arm vors Auge hält. Tauscht man die Münze gegen

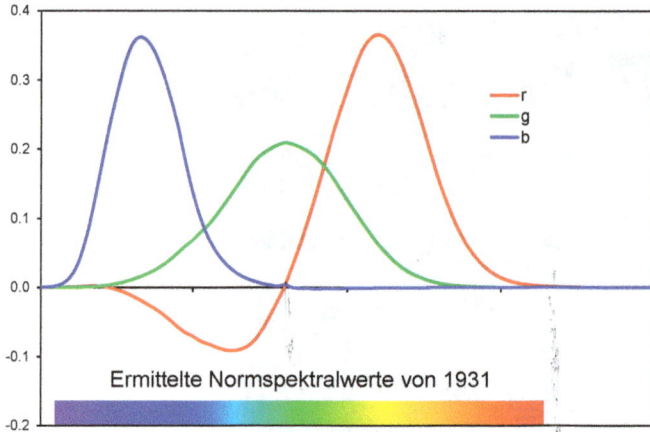

Ermittelte Normspektralwerte von 1931

Abb. 4.32: Normalbeobachter haben bei den Versuchen von Wright und Guild Farben mit Hilfe dreier definierter Lichter nachgestellt. Aus diesen Messwerten wurden die Spektralfunktion *r*, *g* und *b* berechnet. In manchen Nachstellungen haben sie zusätzlich rotes Licht hinzugefügt, welches als negative Werte berücksichtigt wurde.

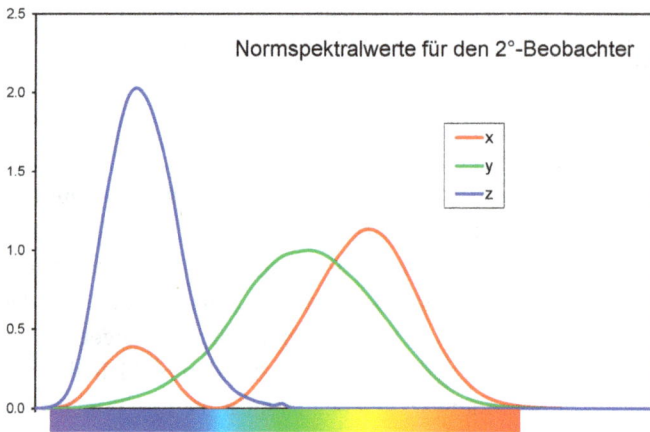

Normspektralwerte für den 2°-Beobachter

Abb. 4.33: Durch Umrechnung konnte man positive Werte für die Spektalfunktionen x, y und z finden.

eine Postkarte, so beträgt das Sichtfeld 10 °. Durch diese Versuche wurde eine Verbindung zwischen den Lichtstrahlen, die durch die Physik beschrieben werden, und den Farben, die durch die Physiologie beschrieben werden, geschaffen.

Man benötigt zur weiteren Berechnung noch die spektrale Strahlungsfunktion der Lichtquelle, beispielsweise genormtes Tageslicht D65 (Daylight 6500 K, heute D 6504 K) (Abbildung 4.34). Sie wird Wellenlänge für Wellenlänge mit den drei Spektralwertfunktionen multipliziert. Die berechneten Werte ergeben Normspektralwerte bezogen auf die Lichtquelle (Abbildung 4.35).

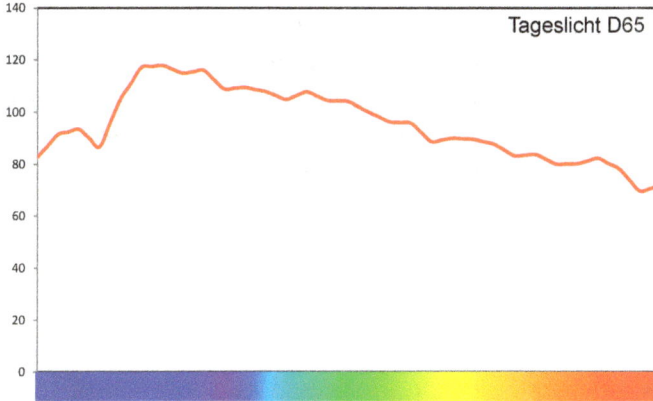

Abb. 4.34: Die Strahlungsfunktionen für Sonnenlicht D65.

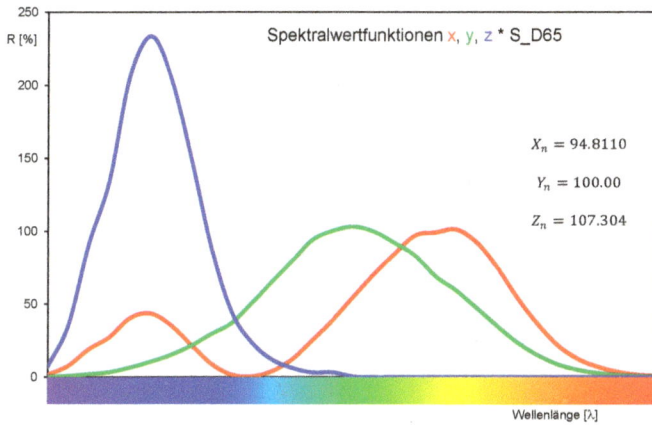

Abb. 4.35: Multiplikation der Spektralfunktionen mit den Strahlungsfunktionen.

Berechnet man die Fläche unter diesen Kurven (= Integral), so erhält man die Normspektralwerte X_n, Y_n und Z_n. Dabei wird Y_n gleich 100 gesetzt, weil dieser Wert die höchste Empfindlichkeit des Auges widerspiegelt. Die weitere Umrechnung ergibt die Normspektralwertanteile x, y und z (nicht zu verwechseln mit den ermittelten).

$$x = \frac{X}{X + Y + Z}.$$
$$y = \frac{Y}{X + Y + Z}.$$
$$z = \frac{Z}{X + Y + Z}.$$
$$x + y + z = 1.$$

Trägt man die *x*- und *y*-Werte in einem Diagramm auf – der *z*-Wert ergibt sich aus der Formel –, so erhält man ein zweidimensionales Farbdiagramm im *xy*-Koordinatensystem (Abbildung 4.36). Die äußere Linie dieses Diagramms bildet der Spektralfarbenzug (Spektrallinie). Die Enden dieser Linie werden durch die Purpurlinie verbunden, auf denen alle Purpurfarben liegen, die nicht im sichtbaren Spektrum vorkommen und nur im Gehirn existieren.

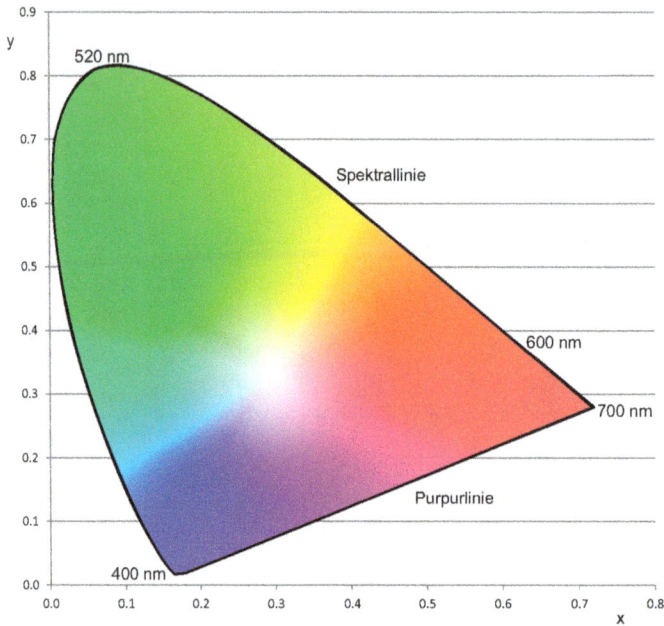

Abb. 4.36: Diese Darstellung des Spektralfarbenzuges wird auch als „Schuhsohle" bezeichnet. Auf der äußeren Linie befinden sich die Spektralfarben, im Inneren alle möglichen Farbkombinationen. Die beiden Endfarben werden durch die Linien mit den Purpurfarben verbunden, die sich nicht im Spektrum befinden.

In der Mitte befindet sich der Weißpunkt, für den gilt:

$$x = y = z = 0.33.$$

Will man nun eine Farbe oder Farbmuster einordnen, so wird diese oder dieses physikalisch gemessen: Hierzu wird das Muster mit weißem Licht vom Messgerät beleuchtet und das reflektierte Licht gleichabständig gemessen. Das Messgerät wird vorher mit einem Weiß- und einem Schwarzstandard kalibriert. Die erhaltenen Messwerte werden prozentual zum Kalibrierweiß angegeben. Diese Messwerte werden mit den Normfarbwerten Wellenlänge für Wellenlänge multipliziert. Die Fläche unter den Kurven (= Integral) liefert die Farbwerte X_r, Y_r und Z_r des gemessenen Musters.

In der Normfarbtafel (auch „Schuhsohle" genannt) lassen sich so alle wahrnehmbaren Farben einordnen. Diese Normfarbtafel spiegelt die „Übersetzung" der Lichtstrahlen in physiologische Werte wider. Allerdings ist diese Art der Darstellung nicht sehr „handlich", weswegen man noch einen weiteren Schritt eingeführt hat. Hierzu werden die X-, Y- und Z-Werte in L*a*b*-Werte umgerechnet. Dann „passen" sie in ein Koordinatensystem, in dem jede Farbe ihre exakte Position besitzt.

Das Koordinatensystem beruht auf einem Koordinatensystem mit positiven a*-Werten für Rotanteile und negativen für Grünanteile. Positive b*-Werte zeigen den Gelbanteil an, negative den Blauanteil. Jede Farbe wird durch ihren Rot-/Grünanteil (a*), ihren Gelb-/Blauanteil (b*) und ihre Helligkeit L* beschrieben (Abbildung 4.37). Weltweit wird tagtäglich in verschiedenen Industriezweigen mit diesen Werten gearbeitet.

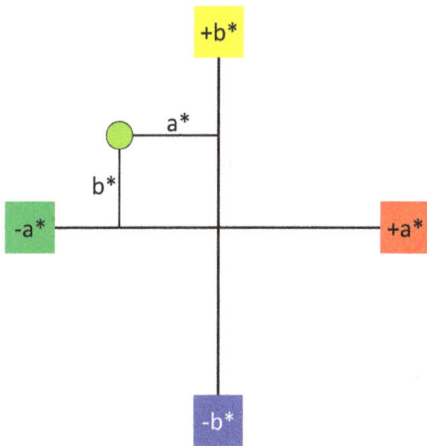

Abb. 4.37: Jede Farbe lässt sich durch Angabe der a*- und b*-Werte eindeutig definieren. Hinzu kommt der Wert für die Helligkeit L*.

Obwohl das L*a*b*-Koordinatensystem für die Berechnung von Farbabständen gedacht ist, lässt es sich für das Verstehen von Farbreaktionen sehr gut nutzen.

Da verschiedene Reflexionswerte und -kurven die gleiche Farbempfindung ergeben, kann man aus Farbwerten rückwärts keine Reflexionskurven oder -werte errechnen! So ist es dem Auge auch vollkommen egal, ob das Grün bzw. die Grünempfindung von einem einzelnen Grünpigment oder einer Mischung eines gelben und blauen Pigments stammt.

Bei einer anderen Darstellung, die sich mathematisch aus der vorgestellten berechnen lässt, nimmt man den Farbwert und ermittelt seinen Abstand zum Nullpunkt. Damit wird sein Chroma, d. h. seine Buntheit C* festgelegt: Je weiter der Farbwert vom Nullpunkt entfernt ist, desto bunter ist die Farbe (Pigment). Denkt man sich einen

Kreis um den Nullpunkt, der auf der Rot-Achse mit 0 ° beginnt und gegen den Uhrzeigersinn dort mit 360 ° endet, erhält man zudem einen Wert für den Farbton h*. Der Wert von 0 ° entspricht der Rot-Achse, 90 ° der Gelb-Achse, 180 ° der Grün-Achse und 270 ° schließlich der Blau-Achse. Zur eindeutigen Beschreibung einer Farbe (Pigment) gehört neben der Buntheit C* und dem Farbton h* noch die Helligkeit L*, die wie in der Darstellung der a*b*-Werte senkrecht im Koordinatensystem steht (Abbildung 4.38).

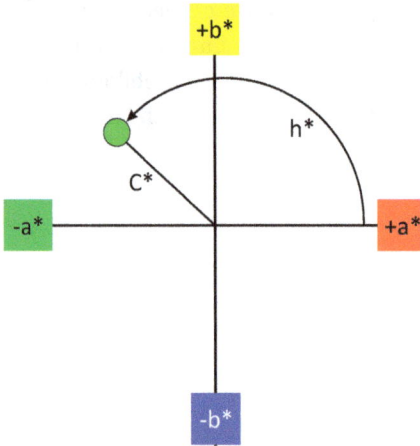

Abb. 4.38: Die Bestimmung einer Farbe lässt sich auch über den Buntheitswert C* und dem Bunttonwinkel h°, der in Grad von der Rotachse angegeben wird. Der Buntheitswert berechnet sich aus der Wurzel der Quadrate von a* und b*.

Mit dieser Zuordnung lassen sich Farben eindeutig festlegen: Erstens können die Farbwerte übermittelt und weitergegeben werden, ohne die Farbe verbal beschreiben zu müssen (was meistens schief geht!). Zweitens lassen sich Farben „parken" und archivieren, was das Gehirn nicht schafft. Und drittens lassen sich optische Eigenschaften der Farben (Pigmente) besser verstehen, was insbesondere bei Mischvorgängen nützlich ist. Im Kapitel über Pigmente (Kap. 8) wird die Farbmessung öfter herangezogen, um Phänomene zu beschreiben und zu erklären.

Die Farbmessung wird durch die Physik beschrieben. Durch die Normspektralwertkurven – beruhend auf Versuchen – schafft man die „Übersetzung" in eine Wahrnehmung, die physiologisch beschrieben wird. Dieser Vorgang ist das Bindeglied zwischen der Welt vor dem Auge und der Welt hinter dem Auge und im Gehirn (Abbildung 4.39).

Während sich die Farbmessung nur mit der Analyse einer Farbe auseinandersetzt, entstehen im Gehirn in der Regel ganze Bilder von der Umgebung. Und die in diesem Bild vorkommenden Farben werden im Gehirn durch subjektive Einflüsse „bearbeitet". Insofern sehe ich *meine* Welt und nicht *die* Welt. Da viele Sinneseindrücke und -auswertungen mit denen anderer Personen übereinstimmen, glauben wir eine reale

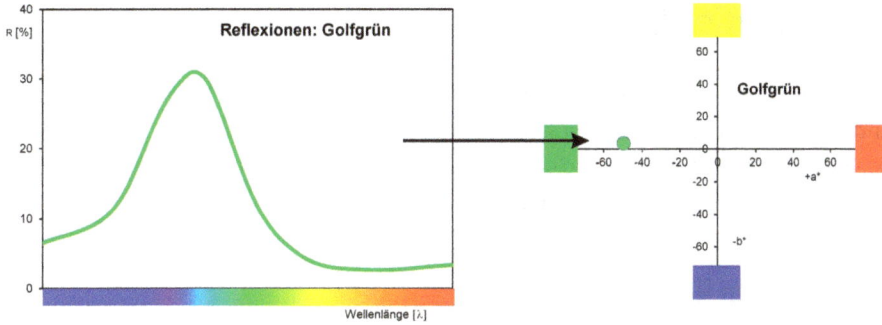

Abb. 4.39: Aus den Reflexionswerten des „Golfgrün" wird der Farbwert im a*b*-Diagramm. Hier ist die Verknüpfung zwischen den Lichtstrahlen und der Farbempfindung.

und damit *die* Welt zu sehen. Trotzdem weiß ich nicht, ob andere Personen das Gleiche sehen und wahrnehmen wie ich: Wenn zwei Personen an zwei verschiedenen Stellen in einem Raum stehen und durchs Fenster schauen, bietet sich ihnen auch ein jeweils anderes Bild der gleichen Umgebung vor dem Fenster.

5 ... und die Natur?

Wenn man fälschlicherweise davon ausgeht, dass Farben an Objekte gebunden sind und damit deren Eigenschaften sind, könnte man glauben, dass Tiere unsere – oder auch ihre – Umgebung genauso oder ähnlich wahrnehmen wie wir. Und die Pflanzen reagieren ebenfalls auf Lichtstrahlen.

5.1 Pflanzen lieben Grün

Schaut man sich in der Umgebung um, so sieht man Pflanzen und Baumblätter meistens in Grün. Der Grund für diese Färbung liegt im Chlorophyll, welches in verschiedenen Varianten als Blattgrün vorkommt.

Chlorophyll betreibt Photosynthese, bei der Licht in chemische Energie umgewandelt wird. Hierbei wird Kohlendioxid CO_2 in Sauerstoff O_2 umgesetzt. Die Photosynthese verläuft energetisch über die Frequenz des Sonnenlichts. Wie im Zusammenhang mit dem Sonnenlicht beschrieben wurde, liegt das Frequenzmaximum des Sonnenlichts im roten Bereich. Grün sind die Blätter, weil für die Photosynthese das Sonnenlicht aus dem roten und nicht aus dem grünen Spektralbereich benötigt wird. Im grünen Bereich reflektieren Pflanzen das Sonnenlicht.

Interessanterweise haben andere Farben in der Natur ähnlich Grundstrukturen: Porphine bilden die Basis für Chlorophyll und Hämoglobin. Das erste besitzt Magnesium und das zweite Eisen als Zentralatom. Setzt man Kupfer ein, so erhält man ein blaues Farbpigment (Abbildung 5.1). Die Entwicklung des Phthalocyaninblaus verdrängte bisherige Pigmente wie Ultramarin (natürlich und synthetisch) und Berliner Blau (synthetisch).

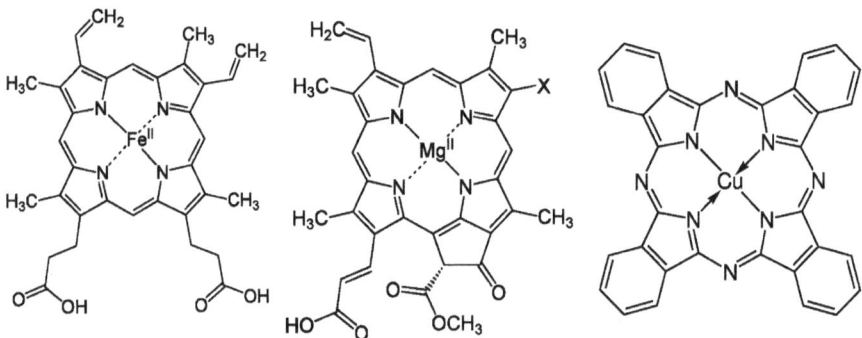

Abb. 5.1: Offensichtlich ähneln sich die chemischen Strukturen von Hämoglobin (links), Chlorophyll (Mitte) und Kupferphthalocyanin (rechts). Entscheidend ist das jeweilige Atom im Ring.

Die farbigen Blüten vieler Pflanzen wollen Insekten oder Vögel anlocken, damit sie von diesen bestäubt werden. Die Farben selektieren bestimmte Tiere, deren Sehorgan

https://doi.org/10.1515/9783110793918-005

jeweils auf einen Spektralbereich ausgelegt ist, der nicht unserem entspricht (Abbildung 5.2).

Abb. 5.2: Blüten locken Tiere mit der Vielfalt ihrer Farben an.

5.2 Tiere sind wählerisch

Unser Auge ist eine Bauform eines Sehapparats in der Welt: Neben unserem Linsenauge, welches in einer knöchernen Höhle platziert ist, gibt es beispielsweise auch Becher- oder Lochaugen bei Kraken oder Facettenaugen bei Insekten. Die Natur hat verschiedene Versuche unternommen, Lichtstrahlen der Umgebung zu übersetzen. Ob die Übersetzung zu den uns bekannten Farben führt, ist ungewiss. Beuteltiere können Lichtstrahlen genauer differenzieren als wir, weil sie vier Zapfen besitzen (Tetrachromie), die gleichabständig alle 83,5 nm stehen und deren Empfindlichkeit in den UV-Bereich reicht.

Fangschreckenkrebse haben zwölf Zapfen, mit denen sie Lichtstrahlen auch im UV- und IR-Bereich gut unterscheiden können. Beide Bereiche liegen außerhalb unserer Wahrnehmung und sind für uns nicht sichtbar. Diese gute Differenzierung dient nicht nur der Orientierung, etwa beim Sozialverhalten, sondern auch dem Beutegreifen. Wozu ihre Übersetzung der Lichtstrahlen führt, können wir nicht sagen. Wir sind in unserer Farbenwelt „gefangen" und können nicht über die Grenzen dieser Welt hinausdenken. Wahrscheinlich nehmen Tiere ihre Umgebung „andersfarbig" wahr.

Säugetiere haben vielfach nur zwei Zapfen und sind prädestiniert fürs Schwarz-Weiß-Sehen. Für einen Löwen ist es auch egal, welche Farbe die Antilope hat. Er muss sie bei der Verfolgung nur im Blick behalten.

Die Augen der Tiere haben sich den unterschiedlichen Erfordernissen angepasst. Die Natur und die Evolution haben eine große Rolle bei der Entwicklung der Augen über die Millionen von Jahren gespielt. Falken können dank ihres Sehapparats aus großer Höhe die Urinspur von Beutetieren erkennen. Man stelle sich vor, wir Menschen könnten das auch. Ein Besuch beim Oktoberfest oder einer anderen Außenfestivität wäre grausam für unsere Augen!

6 Malerei als Übersetzung der Übersetzung

Verschiedene Stile prägen die klassische und moderne Malerei: Expressionistische, impressionistische oder abstrakte Darstellungen sind Beispiele. Die Maler haben einen Menschen, ein Objekt oder eine Landschaft gesehen und transformieren dieses Bild aus ihrem Kopf auf eine Leinwand, eine Holzplatte o. ä., und zwar mit Künstlerfarben (Pigmenten), Werkzeugen und Applikationsmethoden, die ihnen zur Verfügung standen. Van Gogh schrieb seinem Bruder Theo, dass er nun in der Lage sei, siebzig Farben zu mischen – dank des Bruders Geld.

Ein Maler muss eine grüne Wiese nicht in der exakten Farbe malen, die er sieht. Er kann und sollte die Möglichkeiten seiner Interpretation und Inspiration nutzen, einen eigenen Ausdruck durch die Wahl der Farben zu setzen. Er kann auch Illusionen mit Farben und Kompositionen erzeugen, um seinen Ideen freien Lauf zu lassen. Ungewöhnliche Farbkombinationen können neue Eindrücke erzeugen und vermitteln. Grenzen hierbei gibt es so gut wie gar nicht. Und das gilt auch für die reine abstrakte Malerei.

Neben der Farbe spielt auch das Farbmittel eine große Rolle bei der gemalten Wiedergabe: Ölfarben können durch ihre Struktur Glanzeffekte setzen, Aquarellfarben zeichnen sich durch weiche Kontraste aus und nutzen den weißen Malgrund als Teil der Gesamtkomposition. Der Maler ist hier ein Übersetzer der Umgebung, die er nach seinen Vorstellungen farblich formt.

Betrachten wir das Werk des Malers, so sind wir nicht unbedingt interessiert an einer farbgetreuen Wiedergabe, sondern lassen uns von seinem Werk zu eigenen Interpretationen anregen. Der Maler übersetzt seine Farbwahrnehmung in eine neue Art der Farbdarstellung. Seine Farbwahrnehmung – und damit seine Farbdarstellung – kann sich an realen Objekten orientieren oder aus dem Gedächtnis stammen. Auf jeden Fall findet hier eine Übersetzung der realen Welt der Lichtstrahlen in Farben in seinem Gehirn statt. Und diese Übersetzung der Farbempfindung wird von ihm weiter in Farben (Pigmenten) auf der Leinwand oder einem anderen Untergrund oder Objekt übersetzt.

Ein gemaltes Bild kann monochrom sein, d. h. der Maler setzt nur eine Farbe ein wie Yves Klein bei seiner Arbeit "Monochrome Bleu" von 1957 oder Pierre Soulages mit seinen autonomen Werken in Schwarz. Mehrere Farben ergeben eine Komposition je nach Eingebung des Malers und Verfügbarkeit von Pigmenten. Vincent van Gogh profitierte von zwei Entwicklungen im 19. Jahrhundert: Erstens wurden im Jahr 1856 von William Henry Perkin organische Pigmente entdeckt, wodurch die großen Farbenhersteller entstanden und eine Vielzahl synthetischer Pigmente entdeckt wurden. Zweitens ließ sich der amerikanische Maler John Goffe Rand im Jahre 1841 die von ihm entwickelte Tube mit Schraubverschluss patentieren. So konnte Vincent van Gogh seine berühmten Landschaftsbilder direkt in der Natur malen.

https://doi.org/10.1515/9783110793918-006

Im Mittelalter war die Anzahl der Pigmente beschränkt; vielfach wurden Ocker-pigmente in verschiedenen Schattierungen von Gelb- bis Rotocker verwendet, die schon in der Steinzeit und im Altertum Verwendung fanden. Genutzt wurden auch na-türliche Farben wie die der Purpurschnecke oder der Cochenille-Laus (Abbildung 6.1), hauptsächlich zum Färben von Stoffen. Auch pflanzliche Farben waren im Portfolio der Maler.

Abb. 6.1: Die Cochenille-Laus auf einem Kakteenblatt.

Eine besondere Farbe war das Ultramarinblau, das aus dem natürlich vorkommenden Lapislazuli gewonnen wurde. Der Herstellungsaufwand war sehr hoch, weswegen un-terschiedliche Qualitäten angeboten wurden. Die beste Qualität war so teuer wie Gold. Schriftliche Auftragszettel zeigen den Wandel der Wertschätzung im 15. Jahrhundert: Ein Bild wurde nicht mehr nur nach dem Preis der Pigmente bemessen, sondern nach dem „Pinsel". Gemeint war hiermit die handwerkliche Kunst des Malers.

Einen entscheidenden Faktor bei der Malerei stellen die Bindemittel dar, in wel-che, die Pigmente eingesetzt wurden. Im Altertum hat man die Pigmente entweder nass (fresco) oder trocken (secco) aufgetragen. Später setzte man Eiweißlasuren oder Leimfarben auf Wasserbasis ein. Jan van Eyck, flämischer Maler im 15. Jahrhundert, wird die Entwicklung der Ölmalerei zugesprochen. Im Frankfurter Städel kann man die Vorteile der Ölmalerei im Vergleich sehen. Mit der Ölmalerei war eine feinere Pin-selführung möglich.

7 Fotografie als Übersetzung

Einen Ausschnitt aus der Wirklichkeit festhalten, das schafft die Fotografie. Aber auch bei der Fotografie stellt sich die Frage, was sie wirklich abbildet. Im Zeitalter der Farbfilme – heute würde man vom analogen Filmmaterial sprechen – gab es unterschiedliche Farbausrichtungen bei den Filmen. Einige wurden als farbneutral angesehen, andere waren leicht grünstichig und andere wiederum rotstichig. Letztere hatten bei Portraitaufnahmen den Vorteil, dass der Delinquent nicht leichenblass aussah.

Auch die digitale Fotografie hat ihre Beschränkungen bezüglich der Darstellung. Sie fallen in der Regel nicht auf, weil uns das fertige Bild bekannt und vertraut vorkommt. Wenn das rote Fahrzeug auch rot abgebildet wird, wird diese Wiedergabe schon der Wirklichkeit entsprechen.

Digitale Kameras arbeiten mit einem lichtempfindlichen Sensor, der nach dem trichromatischen Prinzip aufgebaut ist: Rot, Grün und Blau (RGB) sind die Grundfarben, aus denen alle Farben gemischt und aufgebaut sind. Theoretisch können 16,7 Mio. Farben erzeugt werden. Trotzdem ist der RGB-Farbbereich kleiner als unser L*a*b*-Farbbereich. Und es gibt Pigmente, deren Helligkeits- und Farbwerte weit außerhalb des RGB-Farbbereiches liegen, aber trotzdem von den Fotosensoren erfasst und plausibel dargestellt werden.

Farbsensoren können entweder nebeneinander oder übereinander liegen. Bei letzterer Anordnung wird die unterschiedliche Eindringtiefe der Lichtwellenlängen ausgenutzt. Die Farbsignale werden entweder auf dem Display der Kamera, auf einem Bildschirm oder über einen Beamer dargestellt. Auch bei diesen „Zwischengeräten" findet eine Übersetzung statt: Die Kamera – auch ein Smartphone – übersetzt die Lichtwellen in Farbsignale und diese werden weiter übersetzt auf einem Display. Und das Auge übersetzt die Farbsignale wiederum, um sie ans Gehirn zu leiten, wo die eigentliche Farbempfindung stattfindet.

Bei der analogen Fotografie wird ein Film belichtet, der lichtempfindliche Schichten für die Farben Rot, Grün und Blau enthält. Verschiedene Verfahren führen zum gleichen Ergebnis: Vom Negativfilm wird ein Farbabzug gemacht. Der Diafilm wird mittels eines Projektors auf eine Leinwand projiziert. Und vom Farbabzug sowie der Projektion gelangen diese Farbinformationen ins Auge und weiter ins Gehirn. Hier findet eine dreifache Übersetzung der Lichtstrahlen, die außerhalb des Auges existieren, statt. Die Lichtstrahlen lösen in den unbelichteten Filmen eine Reaktion aus, die ein positives oder negatives Abbild auf dem Film erzeugen. Von diesem Abbild wird ein neues Abbild in Form eines Farbabzugs oder einer Projektion gemacht, also die zweite Übersetzung. Die endgültige und dritte Übersetzung findet dann im Auge statt.

Die beschriebenen Übersetzungen finden in mehreren Stufen statt. Da stellt sich wieder die Frage nach der Wirklichkeit. Weil uns die übersetzten Farben bekannt, vertraut und plausibel vorkommen, akzeptieren wir die Veränderungen. Schließlich

https://doi.org/10.1515/9783110793918-007

sehen und empfinden wir eine Farbe wie Gelb im Original anders als nach mehrfachen und unterschiedlichen Übersetzungen!

Auch beim Komprimieren von Bildern treten oft Farbänderungen auf: Das bekannte JPEG-Format ist in den meisten Fällen verlustbehaftet. Benutzt wird es insbesondere zur Reduzierung der Dateigröße. JPEG (abgeleitet von *J*oint *P*hotographic *E*xperts *G*roup) beschreibt Komprimierungs- und Kodierungsverfahren zur Bildkompression. Andere Bildformate wie TIFF, BMP und PNG komprimieren verlustfrei. TIFF (*T*agged *I*mage *F*ile *F*ormat) ist das Standardformat für Bilder mit hoher Qualität, wie sie insbesondere beim Druck erforderlich sind. BMP (Windows *Bitmap*) speichert Bilder unkomprimiert, weswegen sie eine hohe Dateigröße besitzt. PNG (*P*ortable *N*etwork *G*raphics) stellt auch einen transparenten Alpha-Kanal dar. Damit lassen sich beispielsweise Objekte vom Hintergrund freistellen.

Wie die verlustbehaftete Komprimierung Farben verändert, zeigt ein Experiment mit einem Bild bestehend aus 3×5 Pixeln: Die oberen und die unteren drei Pixel sind schwarz, in der zweiten Reihe befinden sich RGB-Farben jeweils in einem Pixel dargestellt. Es folgt eine Reihe weißer Pixel und anschließend Pixel mit den Mischungen RG (Rot + Grün = Gelb), GB (Grün + Blau = Türkis) und BR (Blau + Rot = Magenta). Links startet die verlustfreie Darstellung, es folgen verschieden JPG-Komprimierungen in abnehmender Stärke (Abbildung 7.1).

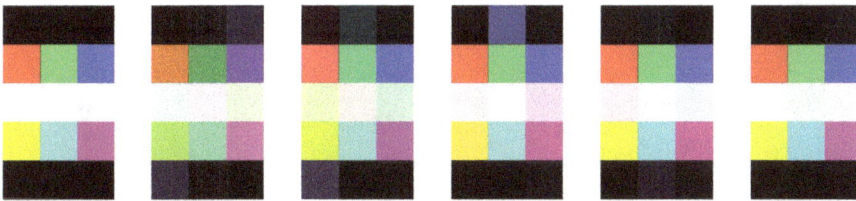

Abb. 7.1: Beginnend links mit Original-Bitmap wurde diese mit 50 %–10 % komprimiert. Die Farbunterschiede sind deutlich zu erkennen.

Abb. 7.2: Dieser kleine Totenkopf aus Keramik verliert beim Komprimieren Farbe.

Bei digitalen Bildern spielt die Farbtiefe eine große Rolle. Sie wird in Bits angegeben und stellt die Abstufungen eines Pixels pro Kanal dar. Dabei steht 1 Bit für zwei Abstufungen, 4 Bit für 16, und 8 Bit für 256 Abstufungen (Abbildung 7.2)

8 Auch vor dem Auge: Pigmente und Farbstoffe

Wenn von Farbe die Rede ist, stellt sich die Frage, was gemeint ist. Also: Die Farben Rot, Grün, Blau, Gelb usw. entstehen im Kopf. Und die Farbmittel, die für die Entstehung dieser Farben verantwortlich sind, sind entweder Pigmente oder Farbstoffe. Erstere werden beispielsweise in Künstlerfarben, Wandfarben, Lebensmitteln, Kunststoffen, Industrie- und Autolacken eingesetzt. Es gibt witterungsstabile, hitzebeständige oder lichtstabile Versionen des gleichen Pigments, je nach Anwendungsbedarf für das jeweilige Medium, in dem sie angesetzt werden.

Farbstoffe sind lösliche Komponenten, die insbesondere zum Einfärben von Textilen benutzt werden. Auch hier existiert ein großes Angebot, das nahezu alle Farbwünsche erfüllt.

Mit beiden Farbmitteln – Pigmente und Farbstoffe – lassen sich Farben nur maximal in ihrer Buntheit darstellen, wie die Farbmittel es vorgeben. Mit anderen Worten: Die Farben der Pigmente in Künstlerfarben geben den maximalen Farbbereich wieder, der mit ihnen dargestellt werden kann. Und durch Mischen der Künstlerfarben wird der Farbbereich nicht größer. Unser Farbempfinden würde aber einen größeren Farbbereich erkennen und zulassen.

Trägt man Künstlerfarben, Autolacke oder andere pigmentierte Systeme in ein Koordinatensystem ein, welches unserem Farbempfinden entspricht, so zeigt der größere Abstand vom Nullpunkt des Farbkoordinatensystems, dass wir gelbe Farben als deutlich bunter und heller empfinden als blaue. Blaue Künstlerfarben werden meistens als Mischungen eines blauen Pigments mit einem weißen (Titandioxid) angeboten. Reine Blaupigmente findet man in Autolacken, die mit Weiß gemischt zunächst bunter und heller und mit mehr Weiß ab einem Wendepunkt fahler, also weniger bunt und noch heller werden. Der Farbkreis, der nur bei uns im Gehirn existiert, wie auch der Mischkreis zeigen nur die Abhängigkeit nach Farben. Wir empfinden Gelb als hell und sehr bunt, Blau dagegen dunkler und weniger bunt. Berücksichtigt man unsere Empfindung bei der Darstellung der Farbverhältnisse, so würde eher eine Eiform dazu passen: Eine hohe Buntheit für Gelb, weniger bunt die Farben Rot und Grün sowie die geringste Buntheit für Blau.

Pigmente und Farbstoffe reagieren auf das einfallende Licht. Dies ist in der Regel das Sonnenlicht. Das Sonnenlicht scheint mit seinem kompletten Farbspektrum auf ein Pigment, welches das einfallende Licht teilweise absorbiert und teilweise in alle Richtungen streut oder spiegelt oder teilt. Erstere sind die sogenannten Buntpigmente, die Spiegelnden sind Metallicpigmente (Aluminiumpigmente) und die dritten sind Interferenzpigmente, die das Licht in zwei Anteile teilen.

Historisch betrachtet ist die Beschäftigung mit Pigmenten so alt wie die Menschen selber. Es waren hauptsächlich anorganische Mineralien, die zum Malen benutzt wurden. Zum Färben von Stoff kamen pflanzliche und tierische Farbstoffe zum Einsatz. Ein Beispiel ist das Färberwaid, eine gelbliche Pflanze, deren Blüten den Stoff zunächst

https://doi.org/10.1515/9783110793918-008

gelb färben, der dann an der Luft durch Oxidation langsam blau (Indigo) wird. Weitere Beispiele sind die Cochenille-Schildlaus, deren Farbstoff Karmin ein leuchtendes Rot ergibt, und der Farbstoff aus dem Sekret Purpurschnecke, der mit Sonnenlicht zur Purpurfarbe wird.

Anfang des 19. Jahrhunderts beschäftigte sich der Chemiker Friedlieb Ferdinand Runge mit den Inhaltsstoffen (Anilin etc.) des Steinkohleteers und entdeckte, dass sich hieraus Farbstoffe herstellen ließen. Aber erst die Entdeckung des Mauvein-Farbstoffs – durch Oxidation von Anilin – im Jahr 1856 durch William Henry Perkin legte den Grundstock für die organische Farbstoffchemie. Neben der Farbe ist deren Lichtbeständigkeit, Hitzebeständigkeit usw. gefragt, die in technischen Prozessen eine Rolle spielen.

Allen Pigmenten ist gemeinsam, dass sie *nicht monochromatisch* reflektieren, sondern über den gesamten Spektralbereich: Ein rotes Pigment in einer Künstlerfarbe oder einem Autolack reflektiert nicht nur im roten Bereich, sondern im gesamten Spektralbereich – nur maximal im roten Bereich. Interessant sind gelbe Farben (Pigmente), die nicht nur im gelben, sondern auch im grünen und roten Bereich des Spektrums reflektieren. Beide Anteile werden vom Gehirn zu Gelb zusammengesetzt.

Unser Gehirn kann die Farbempfindung nicht auflösen, sondern liefert nur ein „Gesamtbild". Wir erkennen auch nicht, dass Purpur sich aus roten und blauen Anteilen des Farbspektrums zusammensetzt. Die Farbe Purpur kommt im Spektrum als einzelner Farbbereich nicht vor. Erst das Gehirn setzt den roten und blauen Anteil zu der Farbe Purpur zusammen. Mischt man rote und blaue Künstlerfarben oder Lacke zusammen, erhält man bestenfalls ein dunkles, violett-bräunliches Gemisch. Hellt man dieses Gemisch auf, beispielsweise durch Zugabe von Weiß oder durch Verdünnung von Aquarellfarben, ergibt sich etwas Violettes, das nicht vergleichbar mit der Farbe eines violetten Pigments ist.

Ein weiterer Aspekt sollte Erwähnung finden: Die Farben der Pigmente entstehen einzig durch Licht, das auf sie fällt und von ihnen teilweise reflektiert wird. Im Normalfall handelt es sich um weißes Licht oder Sonnenlicht. Was passiert aber, wenn anstelle von weißem Licht buntes Licht auf die Pigmente trifft? Rotes Licht auf roten Pigmenten wird nahezu komplett reflektiert und erzeugt eine helle Farbempfindung. Grünes Licht auf roten Pigmenten wird fast nicht reflektiert, weswegen die roten Pigmente (Künstlerfarbe) schwarz erscheinen. Die Farbe der Pigmente – das gilt auch für alle anderen Materialien – ist abhängig vom Licht, mit dem sie beleuchtet werden (Abbildung 8.1).

Auge und Gehirn können sich auch anpassen: Ein weißes Auto nehmen wir bei Mittagssonne als weiß wahr, bei untergehender Sonne ebenfalls, obwohl die untergehende Sonne wesentlich rötlicher ist. Da wir wissen, dass das Auto weiß ist, „gaukelt" uns das Gehirn diese Farbe auch bei rötlichem Sonnenuntergang vor. Es adaptiert die Farbverschiebung (Umstimmung).

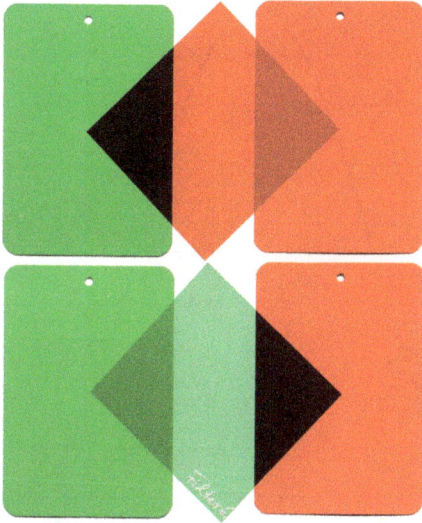

Abb. 8.1: Das Licht ist entscheidend für die Farbe. Hier simulieren farbige Filter das Licht: Fällt rotes Licht auf Grün (oben), so wird von ihm nichts reflektiert. Fällt grünes Licht auf Rot (unten), so wird auch nichts reflektiert.

8.1 Spektrale Zusammensetzung

Das Verständnis für Farben und deren Mischungen steigt durch die Beobachtung von deren spektralen Zusammensetzung. Wie schon erwähnt reflektieren die Pigmente (Künstlerfarben, Autolacke etc.) nicht in einem Bereich des sichtbaren Spektrums, sondern im gesamten Bereich. Je nach Stärke und Verteilung der reflektierten Anteile empfinden wir die Lichtstrahlen als mehr oder weniger bunt.

Um diese Zusammenhänge zu verstehen, machen wir einen kleinen – wirklich nur einen kleinen – Abstecher in die optische Physik. Lichtstrahlen werden über ihre Lichtwellen beschrieben. Und Lichtwellen haben eine bestimmte Wellenlänge. Rote Lichtwellen – korrekt wäre: Lichtwellen, die eine rote Farbempfindung im Auge erzeugen – besitzen große Wellenlängen. Wellenlängen sind dadurch definiert, dass die Lichtwelle in einer bestimmten Zeit die ursprüngliche Position wieder erreicht. In der gleichen Zeit, in der rote Lichtwellen diese Position erreichen, haben blaue Lichtwellen mehr als 1,5-mal diese Position durchlaufen (Abbildungen 8.2, 8.3).

Bei einem gelben Pigment besitzen die Lichtwellen unterschiedliche Intensitäten und Maxima. In der dreidimensionalen Zusammenstellung ist die Abfolge der Lichtwellen vom Langwelligen zum Kurzwelligen zu erkennen (Abbildung 8.4).

Nun sind bei Gelb – wie bei anderen Farben (Pigmenten) – die Lichtwellen unterschiedlich stark. Rote, gelbe und grüne Lichtwellen sind stärker als blaue, d. h. die ausgeprägten und idealen Wellen sind unterschiedlich hoch bzw. niedrig. Nimmt man von jeder Lichtwelle deren Maximum und setzt alle Maxima zusammen, erhält man

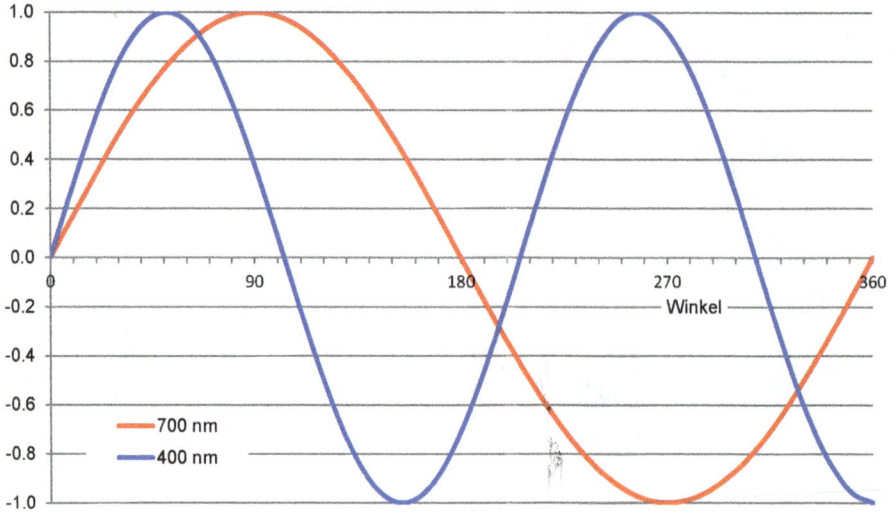

Abb. 8.2: Rote Lichtwellen besitzen lange und blaue kurze Wellenlängen. In der Zeit, in der eine rote Lichtwelle einmal bis zur Ausgangsposition (= Wellenlänge) durchläuft, schafft es eine blaue Lichtwelle in der gleichen Zeit 1,5mal.

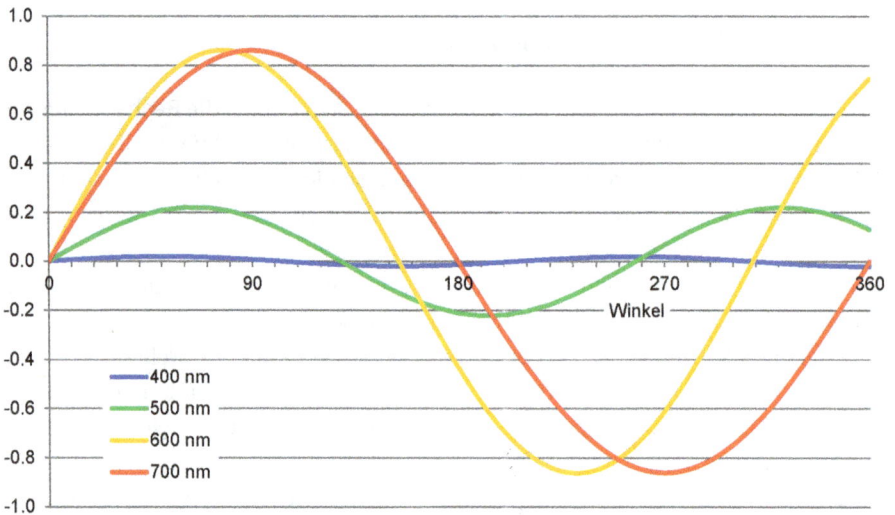

Abb. 8.3: Entsprechend besitzen alle Lichtwellen unterschiedliche Wellenlängen. Ihre Intensitäten sind verschieden stark, wie hier am gemessenen Beispiel einer gelben Farbe (Pigment) deutlich wird: Blau ist kaum, Grün weniger stark und Gelb und Rot stark ausgeprägt.

eine typische Reflexionskurve. In der Praxis wird beispielsweise in 10-nm-Schritten die jeweilige Reflexion in Prozent im Spektrum gemessen. Diese Prozentwerte ergeben dann die typische Reflexionskurve (Abbildung 8.5). Und anhand der Reflexions-

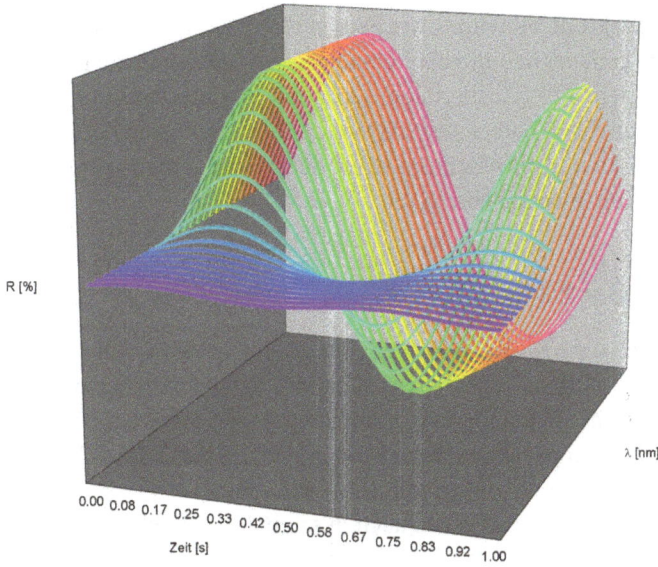

Abb. 8.4: Ein Farbpigment besitzt an jeder Stelle des Spektrums Wellen unterschiedlicher Wellenlänge und Intensität. Das Diagramm zeigt die dreidimensionale Darstellung aller Wellen eines Gelbpigments. Deutlich ist der Unterschied zwischen den einzelnen Wellenlängen zu erkennen.

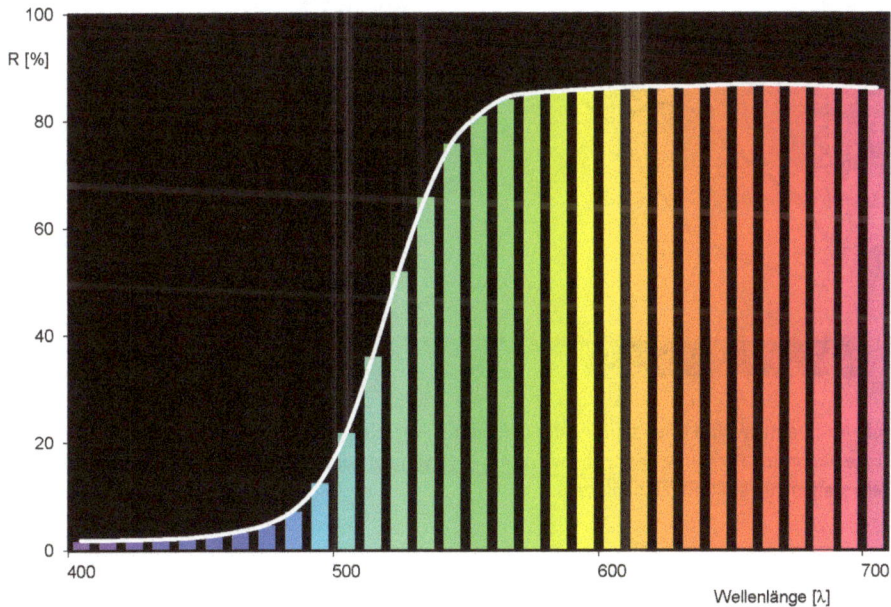

Abb. 8.5: Nimmt man aus der dreidimensionalen Darstellung jeweils die Maxima, so entsteht eine zweidimensionale Abbildung einer Reflexionskurve. Hier im Vergleich die Darstellung als Säulen und als Linie.

kurve erkennt man die spektrale Verteilung der Farben (Pigmente). Bei Mischungen lassen sich die Vorgänge genauer beschreiben. Die folgenden Darstellungen beruhen auf realen Farbmustern (teils mit Künstlerfarben, teils mit Mischlacken) und deren Messwerten. Der Anschaulichkeit halber sind die Messwerte als Säulen in der jeweiligen Spektralfarbe oder als Kurven mit einem Spektrum dargestellt. Anhand der Farben kann man sich die Reflexionen besser vorstellen.

8.2 Buntpigmente: Ganz schön farbig

Farben wirken dann bunt auf uns, wenn sie Teile des Lichts, welches auf sie (Pigment) fällt, maximal oder minimal reflektieren., d. h. ihre Reflexionen besitzen ein Maximum oder ein Minimum. Pigmentfarben reflektieren immer im gesamten Spektralbereich. So reflektiert eine rote Pigmentfarbe nicht nur im roten Teil des sichtbaren Spektrums, sondern auch im blauen und grünen Teil – allerdings deutlich schwächer (Abbildung 8.6). Lichtfarben können dagegen auch in schmalen Bereichen des sichtbaren Spektrums reflektieren.

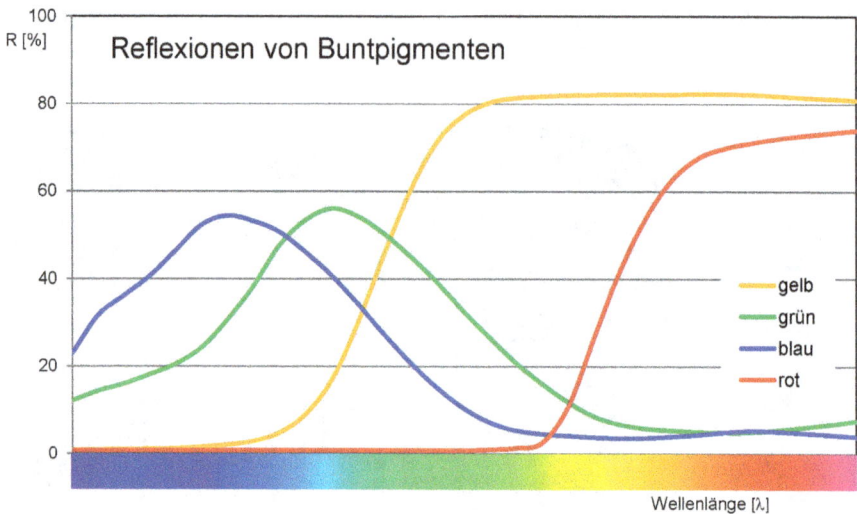

Abb. 8.6: Deutlich sind Unterschiede der Reflexionen verschiedener Buntpigmente zu erkennen: Blaue und grüne Pigmente besitzen jeweils ein Reflexionsmaximum. Die Reflexionen von Rot und Gelb steigen auf ein Reflexionsplateau.

8.2.1 Gelb

Gelb ist die hellste Farbe in unserer Empfindung. Ob gelbe Pigmente als Künstlerfarben, Autolacke oder in Kunststoffen verarbeitet sind, spielt keine Rolle. Sie erscheinen uns klar und intensiv (siehe Abbildung 3.7).

Ein Blick „hinter die Kulissen" zeigt auch den Grund für diese Wahrnehmung: Ein gelbes Pigment reflektiert einfallendes Licht nicht nur im gelben, sondern auch im roten und grünen Spektralbereich auf einem sehr hohen Niveau. Es fehlen die Reflektionen im blauen Bereich, um das Gelb zum Weiß werden zu lassen.

Gelb kann nur rötlich oder grünlich werden
Der Anstieg der Reflexionen vom niedrigen Niveau im blauen Bereich auf das hohe Niveau ist steil, was typisch für eine reine und klare Farbe ist. Diese Aussage lässt sich für alle Pigmentfarben verallgemeinern: Je steiler der Anstieg der Reflexionen, desto reiner und klarer die Farbe.

8.2.2 Orange

Einen Schritt weiter im Farbkreis befindet sich Orange. Es steht zwischen Gelb und Rot und reflektiert das einfallende Licht ebenfalls auf einem hohen Niveau im gelben und roten Spektralbereich. Ist dieses Reflexionsniveau in Richtung grünem Spektralbereich erweitert, so empfinden wir das Orange als gelblicher (Gelb = Rot + Grün!). Je weiter sein Reflexionsbereich in den roten Spektralbereich verkleinert ist, desto rötlicher wirkt es (Abbildung 8.7).

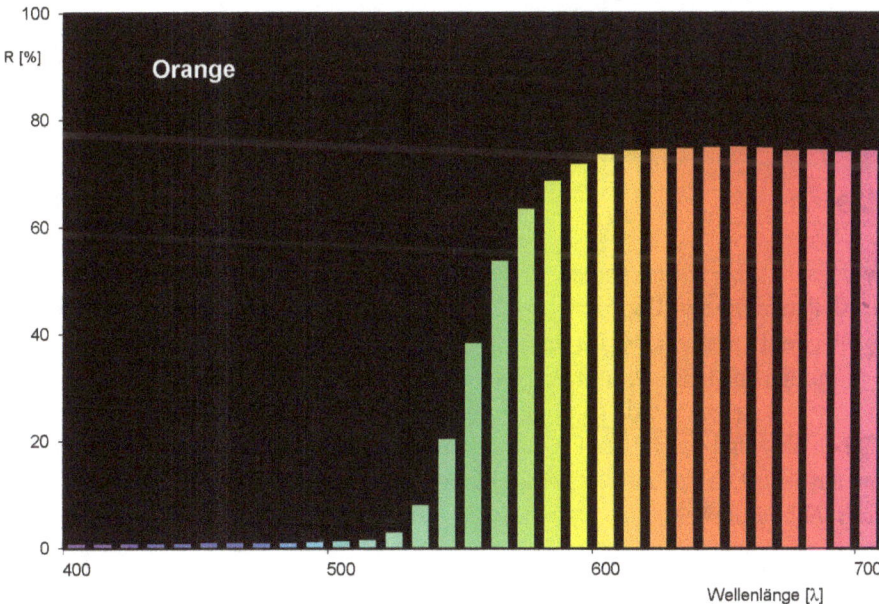

Abb. 8.7: Im Vergleich zu Gelb reflektiert Orange weniger im grünen Spektralbereich. Es hat insgesamt wie Gelb ein hohes Reflexionsniveau.

Mit dem Auge können wir ein gemischtes Orange nicht von einem „normalen" Orange unterscheiden. Nur eine physikalische Messung zeigt, dass die Reflexionskurve eines gemischten Orange eine Sattelform zeigt (Abbildung 8.8).

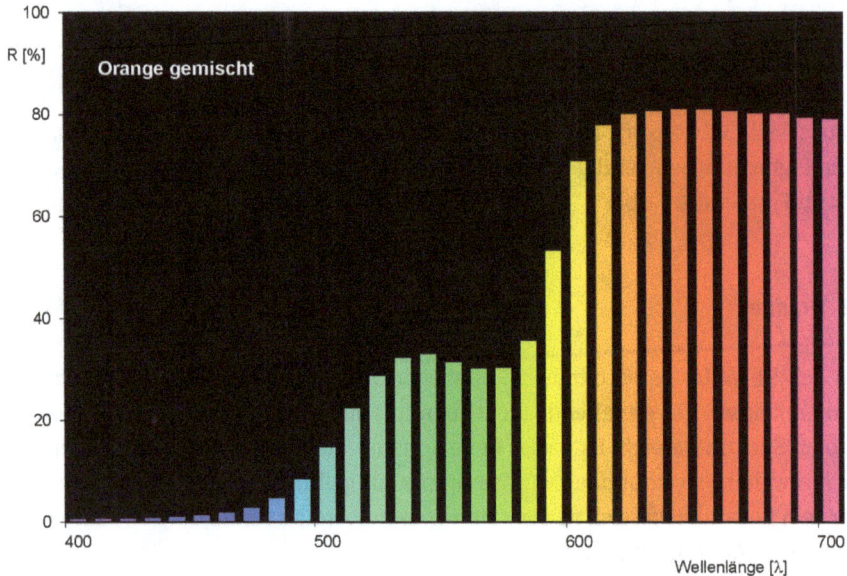

Abb. 8.8: Ein gemischtes Orange aus Gelb und Rot erkennt man deutlich an dem Sattel der Reflexionen.

Ein „normales" Orange ist farbintensiver als ein gemischtes Orange.

8.2.3 Rot

Rot ist sehr reizvoll und anregend. Der Reflexionsbereich ist deutlich kleiner als der von Gelb und Orange. Über den roten Spektralbereich hinaus nehmen wir nichts wahr: Es folgt der IR-Bereich, der für uns unsichtbar ist.

Ähnlich wie bei Gelb und Orange besitzt Rot nur eine Reflexionsflanke, d. h. die Reflexionen steigen aus dem grünen oder gelben Spektralbereich steil nach oben und bleiben bis zum unsichtbaren IR-Bereich auf hohem Niveau. Es gibt also bei den Pigmenten Gelb, Orange und Rot keine abfallende Flanke zum langwelligen Spektralbereich (Abbildung 8.9).

Rot kann nur gelblich oder bläulich werden
Das Rot wirkt gelblicher, je weiter sein Reflexionsniveau zum Gelben erweitert ist. Bläuliche Rottöne reflektieren auch im blauen Spektralbereich.

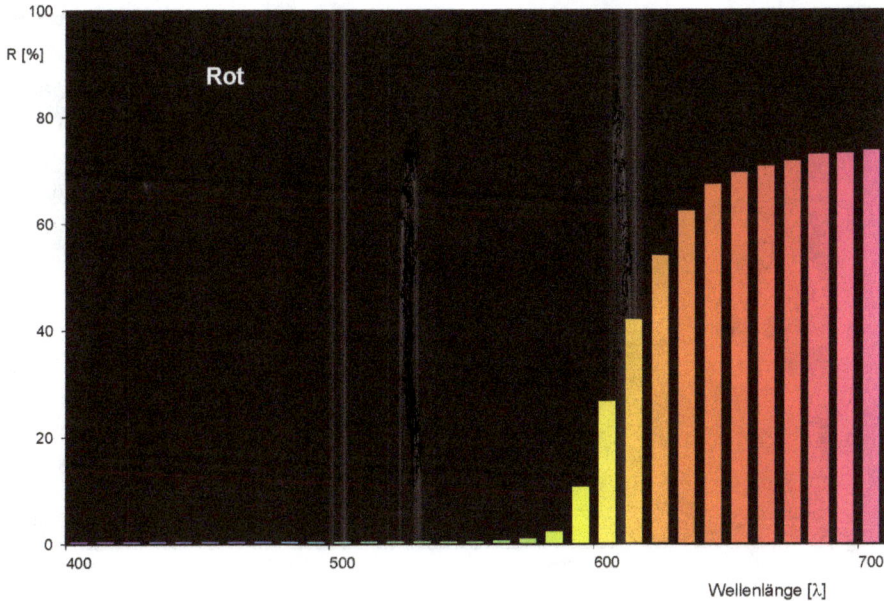

Abb. 8.9: Typisch für Rot sind die Reflexionen am Ende des Farbspektrums. Reflexionen zum gelben Bereich machen das Rot gelblicher. Entsprechend wirkt das Rot bläulicher, wenn Reflexionen im Blaubereich hinzukommen.

8.2.4 Violett/Lila

Die Farben Lila, Violett und Purpur gehören zu den aufregendsten Farben: Erstens gibt es keinen eigenen Bereich im sichtbaren Spektrum – sie reflektieren im roten und im blauen Spektralbereich –, zweitens verbindet das Gehirn die Farbbereiche Rot und Blau an den jeweiligen Spektrumsenden zu einer neuen Farbe, so dass sich der Farbkreis schließt (Abbildung 8.10). Und drittens bringen sie Unruhe ins Auge: Auf Grund der chromatischen Aberration sind die Abbildungsbrennweiten für Rot und Blau unterschiedlich und das Auge versucht, die Linse immer wieder anzupassen.

8.2.5 Blau

Auf dem beschriebenen Weg durch den Farbkreis ist Blau die erste Farbe mit einem ausgeprägten Maximum seiner Reflexion, es besitzt eine blauviolette und eine grüne Flanke im Spektralbereich. Auch hier zeigen die Flanken der Reflexionskurven, wie brillant und rein das Blau ist: Je steiler, desto brillanter und ausgeprägter. Je weiter sich das Maximum zum Spektrumsende verschiebt, desto blauvioletter wird das Blau. Reflektiert es außerdem im roten Bereich, wird es immer rötlicher (Abbildung 8.11).

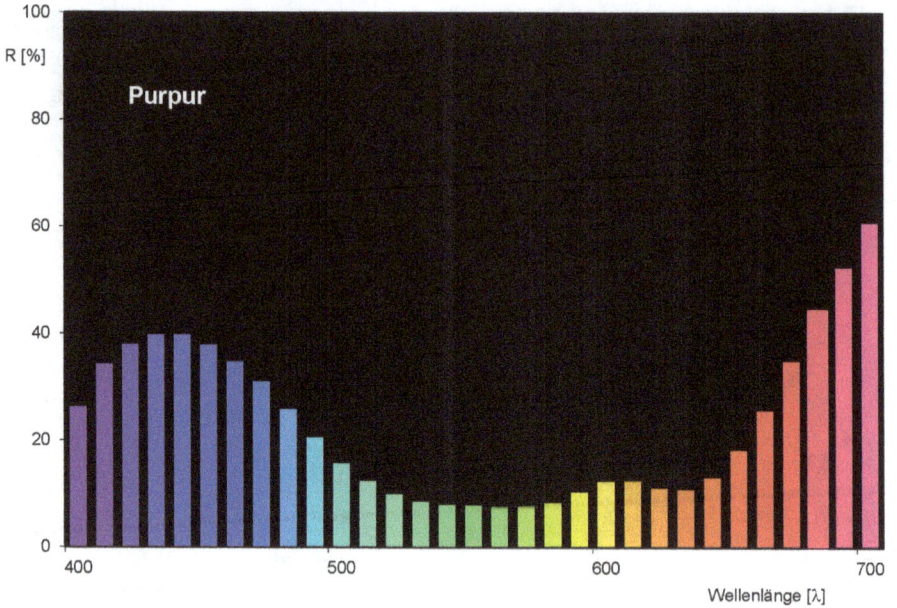

Abb. 8.10: Typisch für violette Farbpigmente (Purpur) sind zwei Reflexionsmaxima jeweils an den Spektrumsenden. Purpur kommt *nicht* im Farbspektrum vor und entsteht nur im Gehirn!

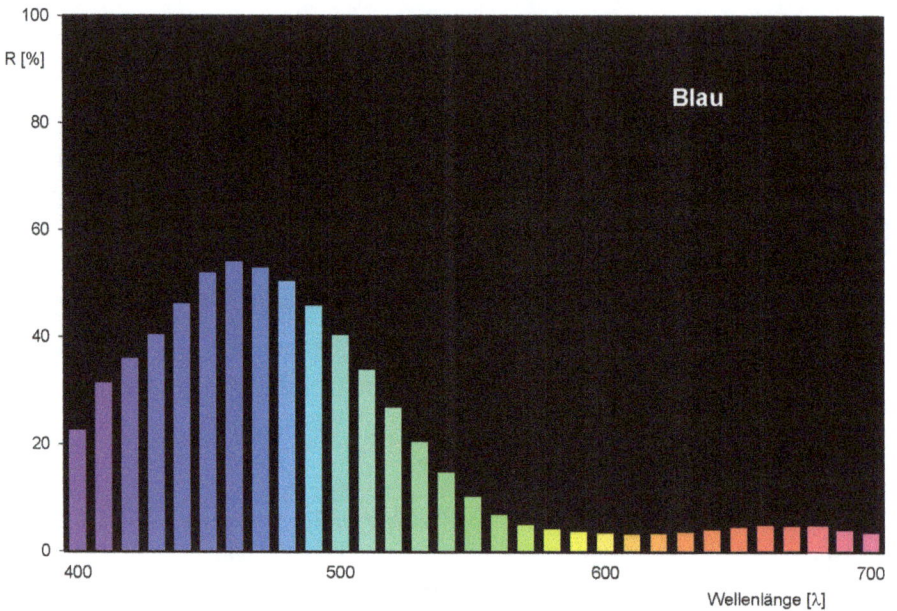

Abb. 8.11: Blaue Farben (Pigmente) besitzen ein Maximum mit seitlichen Flanken. Je steiler die Flanken sind, desto bunter ist das Blau. Diese Aussage gilt für alle Farbpigmente.

Blau kann nur grünlich oder rötlich werden

Umgekehrt wird es durch Verschiebung zu längeren Wellenlängen grünlicher. In jedem Fall erreicht es aber nicht die Intensität und Buntheit, die wir beim Gelb empfinden. Und deshalb ist die Darstellung der Farben im Kreis auch eine idealisierte Form, die im Prinzip nur die Beziehung zwischen den Farben wiedergibt. Da der Abstand der Farben zum Mittelpunkt deren Buntheit beschreibt, ist der Abstand von Blau deutlich kürzer als der von Gelb. Unter diesem Aspekt wären die Farben eiförmig angeordnet.

8.2.6 Türkis

Spektakulär ist das Türkis nicht. Oft findet man bei türkisfarbenen Künstlerfarben Mischungen aus Grün und Blau. Da die beiden Maxima ihrer Reflexionen nebeneinander liegen, lassen sich beide auch einfach verbinden.

8.2.7 Grün

Da Grün etwa in der Mitte des sichtbaren Spektrums platziert ist, kann es bläulicher oder gelblicher sein. Wie auch Blau empfinden wir Grün nicht so bunt wie Gelb (Abbildung 8.12).

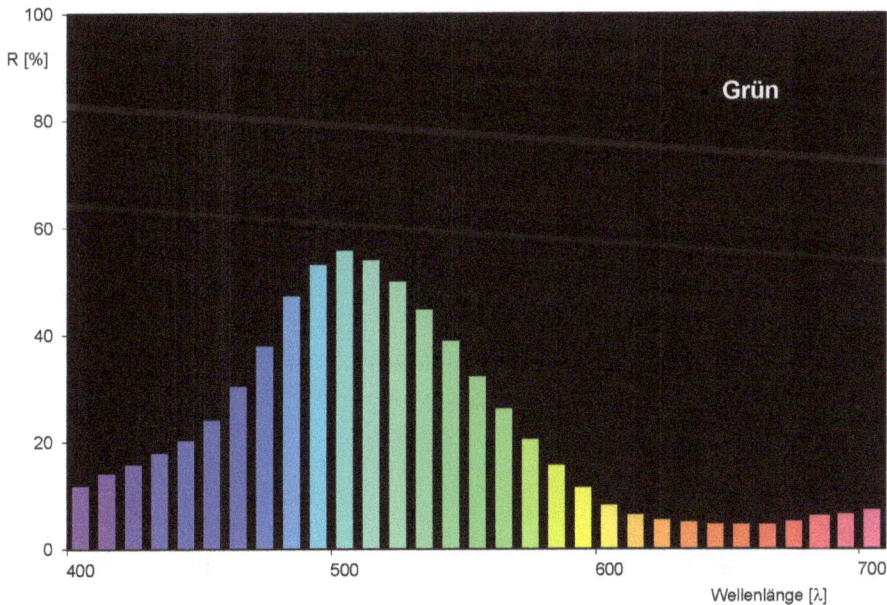

Abb. 8.12: Wie Blau besitzt Grün ein Maximum mit zwei Seitenflanken. Je nach Orientierung des Maximums kann ein Grün gelblich oder bläulich sein.

Grün kann nur gelblich oder bläulich werden
Im grünen Spektralbereich liegt auch das Maximum der Empfindlichkeit des menschlichen Auges.

8.2.8 Gelbgrün

Der Farbkreis schließt sich beim Gelb. Vorher wird aus Grün ein Gelbgrün, also ein Grün mit einem hohen Gelbanteil. Ähnlich unspektakulär wie das Türkis ist Gelbgrün. Sein Reflexionsmaximum ist deutlich höher als das von Grün. Auch sind die Reflexionen auf seiner gelben Seite höher als auf seiner blauen Seite.

8.3 Unbunte Pigmente = wenig Farbe

Im Gegensatz zu bunten Farben besitzen die unbunten Farben kein oder ein nur schwach ausgeprägtes Maximum oder Minimum bei ihren Reflexionen. Wie die bunten Farben (Pigmente) reflektieren sie im gesamten Spektralbereich. Es gibt also keine „Löcher" bei den Reflexionen.

8.3.1 Weiß

Weiße Pigmente reflektieren im gesamten Spektralbereich (Abbildung 8.13). Leicht höhere Reflexionen in bestimmten Reflexionsbereichen „tönen" das Weiß – bläulich, grünlich, gelblich oder rötlich beispielsweise.

8.3.2 Grau

Senkt man die Reflexionen des Weiß gleichmäßig herab, so erhält man graue Farben. Und diese empfinden wir von Hell- bis Dunkelgrau. Von Grau gibt es farblich unterschiedliche „Schattierungen"; als Neutralgrau werden meistens leicht bläuliche Grautöne empfunden.

8.3.3 Schwarz

Schwarze Pigmente reflektieren sehr wenig Licht, aber sie reflektieren wie alle Pigmente Licht über den gesamten Spektralbereich (Abbildung 8.14). Und: Schwarze Pigmente haben auch einen Farbcharakter: Feinteilige Schwarzpigmente (Ruß) sind bläulich, normale sind bräunlich.

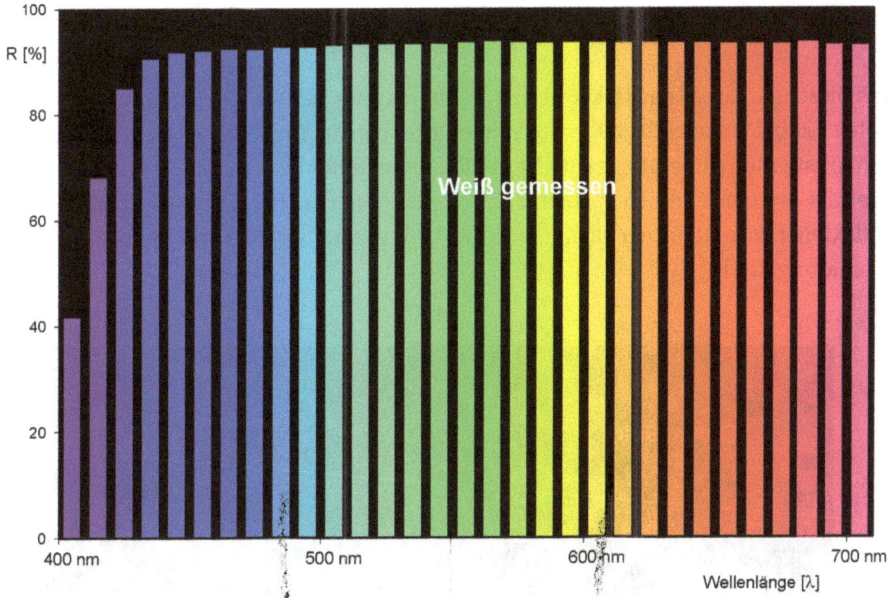

Abb. 8.13: Weiß reflektiert stark über den gesamten Spektralbereich.

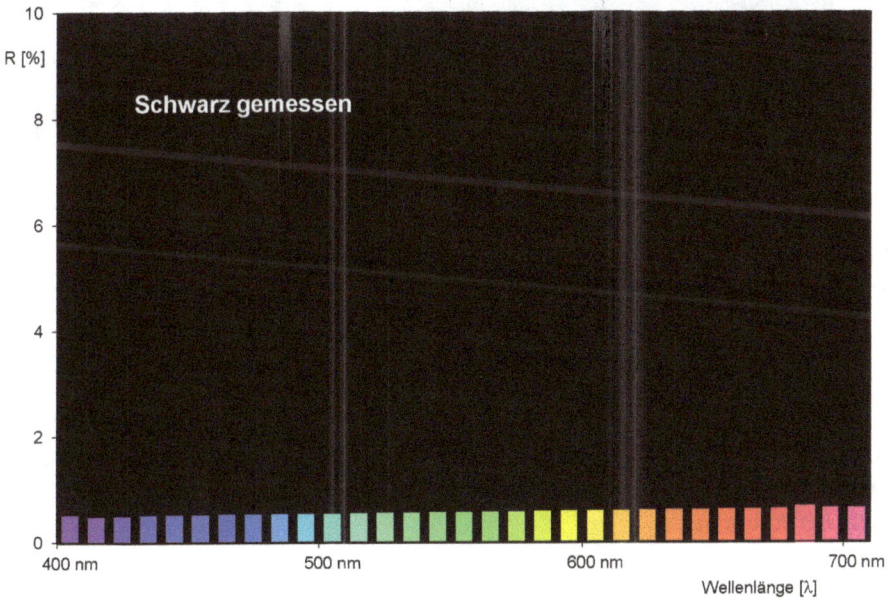

Abb. 8.14: Schwarz reflektiert ebenso über den gesamten Spektralbereich, allerdings deutlich weniger als Weiß (siehe Skalierung der y-Achse).

8.3.4 Ocker

Das bisschen Farbe, das Ocker besitzt, kann man im gelben Bereich einordnen. Obwohl es kein Dunkelgelb gibt, halten viele Ocker hierfür. Im Vergleich zum Reflexionsverhalten eines gelben Pigments ist die Reflexion eines Ocker erstens deutlich niedriger als die eines gelben Pigments. Zweitens ist der Anstieg, also die Flanke zum Reflexionsniveau deutlich flacher, was den unbunten Charakter von Ocker ausmacht (Abbildung 8.15).

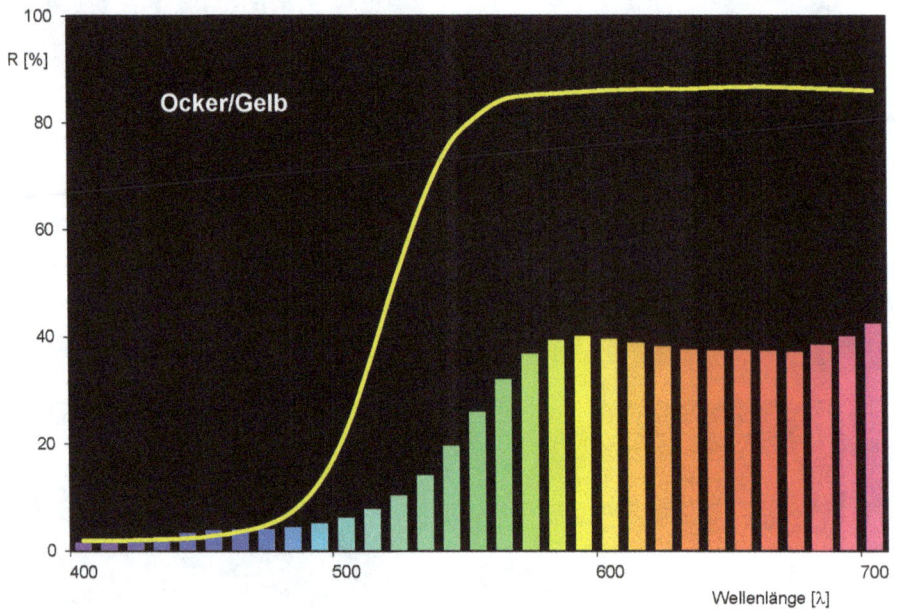

Abb. 8.15: Die Reflexionen von Ocker unterscheiden sich deutlich von denen des Gelb. Sie sind breiter über den gesamten Spektralbereich.

8.3.5 Braun

Wie bei den anderen unbunten Farben reflektieren braune Pigmente übers gesamte Farbspektrum nur wenig. Der Spielraum reicht vom Hell- bis Dunkelbraun und von Gelb- bis Rotbraun.

8.3.6 Beige

Diese Farben sind hell und besitzen einen schwachen Farbcharakter meist im gelbroten Bereich.

8.4 Effektpigmente

Hauptsächlich in der Malerei wird mit „normalen" Buntfarben versucht, Effekte zu erzielen. Insbesondere beim Malen mit Ölfarben lassen sich zusätzliche Glanzeffekte gezielt einsetzen.

Neben diesem Vortäuschen von Effekten können diese gezielt mit Materialien (Pigmenten) hergestellt werden. Zwei Gruppen lassen sich grundsätzlich unterscheiden. Für ihre Farb- und Effektmessungen werden Geräte mit mehreren Messgeometrien eingesetzt. Die Messung ergibt entsprechend viele Reflexionskurven und entsprechend viele Farbwerte: Hiermit lassen sich Farbeffekte deutlich erfassen und beschreiben (Abbildung 8.16).

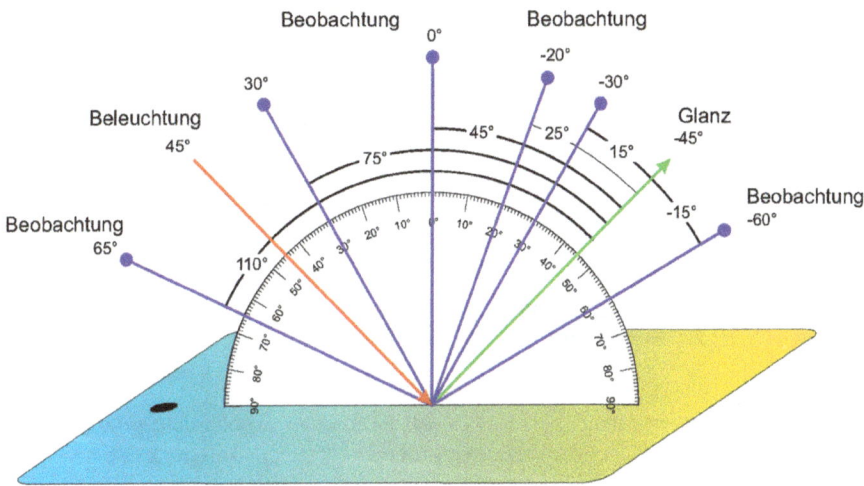

Abb. 8.16: Die Messung von Effektpigmenten, die ihre Farbe und Helligkeit ändern, erfolgt beispielsweise unter einer festen Beleuchtung bei 45° und verschiedenen Winkeln vom Glanzwinkel bei −45°.

8.4.1 Aluminiumpigmente

Wird Aluminium verflüssigt und versprüht, so erhält man feinste Aluminiumpartikel. Diese werden vermahlen und nach Teilchengröße zusammengestellt. Sehen die Aluminiumpartikel wie Kartoffelchips aus, werden sie auch als „Cornflakes" bezeichnet. Geschieht der Vorgang des Versprühens unter Schutzgasatmosphäre, so entstehen Kügelchen, die nach dem Mahlen wie plattgedrückte Taler („Silverdollars") aussehen. Diese reflektieren das einfallende Licht stärker als "Cornflakes" und erscheinen daher brillanter.

Aluminiumpigmente spiegeln das einfallende Licht, weswegen sie nahe am Glanz deutlich heller als Weiß erscheinen. Je weiter man sich vom Glanz wegbewegt, desto

geringer werden die Reflexionen (Abbildungen 8.17, 8.18). Die Änderungen der Reflexionen lassen sich beispielsweise durch Schwarz (Ruß) beeinflussen. So ergeben
sich interessante Verhaltensweisen: Dasselbe Aluminiumpigment kann mit dem einen Schwarz nahe am Glanz weniger brillieren als die Mischung mit einem anderen
Schwarz. Vom Glanz entfernt drehen sich Verhältnisse und die nahe am Glanz weniger
brillante Mischung wird brillanter als die andere Mischung.

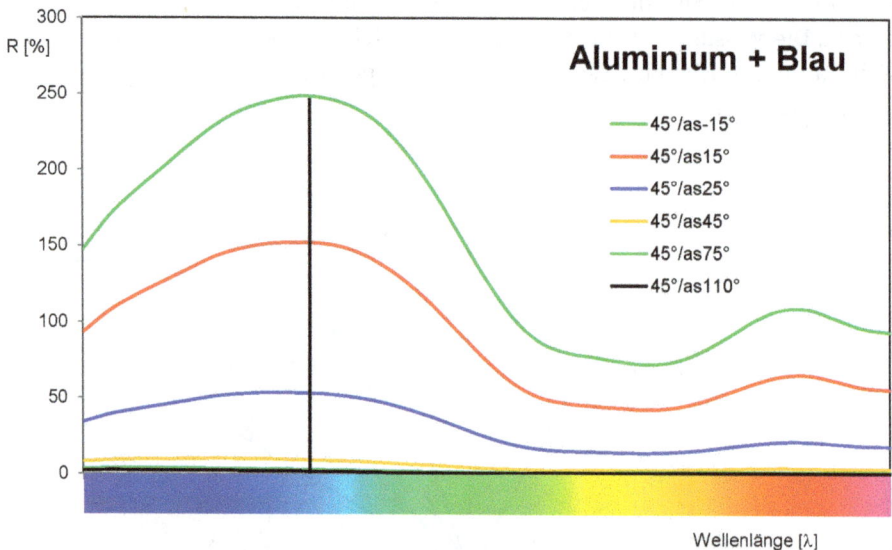

Abb. 8.17: Die Mehrwinkelmessung dieses Muster zeigt die Abnahme der Reflexionen vom glanznahen Differenzwinkel zum Glanz (–15 °) bis zum glanzfernen Differenzwinkel (110 °). Es tritt keine
Verschiebung der Maxima ein (schwarze Linie).

Aluminiumpigmente können mit Farbpigmenten gemischt werden, um bunte Mischungen zu erhalten. Bevorzugt werden sie mit Rot, Grün oder Blau gemischt (Abbildung 8.19). Mit Gelb erhält man beim Mischen olivfarbene Ergebnisse (wie beim
Mischen von Gelb mit Schwarz).

8.4.2 Interferenzpigmente

Obwohl Interferenzeffekte tausendfach in der Natur vorkommen und immer wieder
bewundert werden, hat es lange gedauert, bis man sie künstlich herstellen konnte
(Abbildungen 8.20, 8.21). Käferpanzer, Schmetterlingsflügel und Perlmutter sind Vor-
bilder in der Natur für diese besonderen Effektpigmente. Sie bestehen im Inneren aus
einem Trägerplättchen aus natürlichem oder synthetischem Glimmer (Mica) (Abbildungen 8.22, 8.23), Siliziumdioxid oder Aluminiumoxid, welches mit einem stark bre-

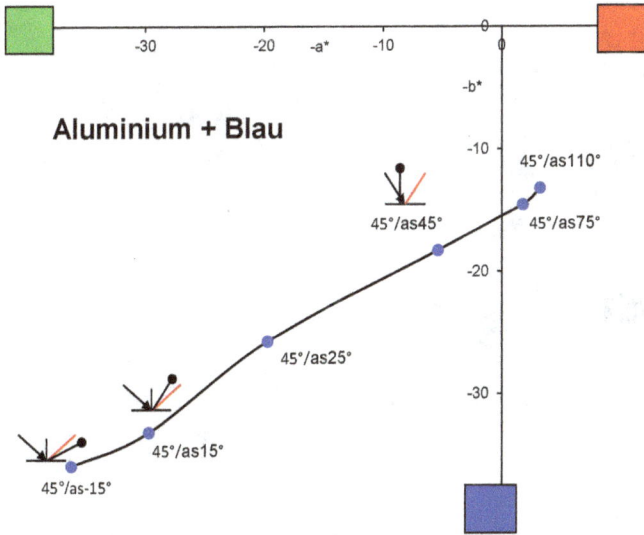

Abb. 8.18: Der Effekt wird im a*b*-Diagramm deutlich: Die Buntheit nimmt ab (Verschiebung näher zum Nullpunkt je weiter man sich von der glanznahen Geometrie 45°:as−15° entfernt).

Abb. 8.19: Autolackierung mit Metallic- und Buntlack (rechts).

chenden Material ummantelt ist. Die Herstellung kann entweder nasschemisch oder im Vakuum erfolgen. In den meisten Fällen wird natürlicher oder synthetischer Glim-

Abb. 8.20: Erste Versuche mit Interferenzpigmenten im Autolack.

Abb. 8.21: Lackierung mit Interferenzpigmenten.

Abb. 8.22: Natürlicher (oben) und synthetischer Glimmer.

Abb. 8.23: Erste Versuchslackierung eines roten Interferenzpigmentes. Im Glanz erkennt man das Rot, vom Glanz entfernt guckt man durch das transparente Pigmente auf die grüne Untergrundfarbe.

mer mit Titandioxid ummantelt. Dessen Schichtdicke entscheidet über die resultierende Farbe: Geringe Schichtdicken ergeben weiße Interferenzpigmente. Erhöht man die Schichtdicke in der Produktion, so erhält man gelbe, mit weiterer Erhöhung rote, blaue und grüne Interferenzpigmente. Chemisch sind die Pigmente also alle gleich, sie unterscheiden sich nur in der Schichtdicke (Abbildung 8.25).

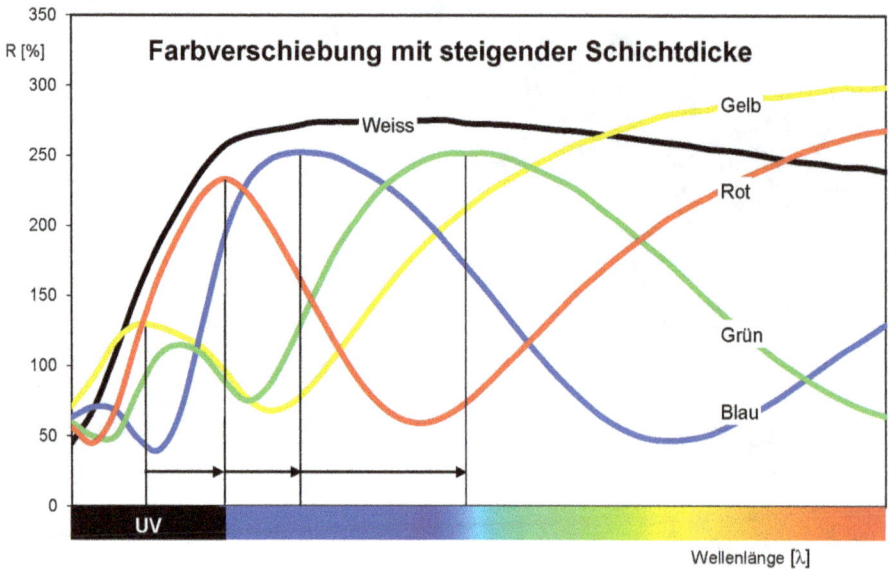

Abb. 8.24: Mit steigender Schichtdicke des Titandioxids (in der Produktion) wechselt die Farbe von Weiß über Gelb, Rot und Blau nach Grün. Dabei verschieben sich Reflexionskurven zum Längerwelligen, gleichzeitig wandern deren Maxima aus dem UV-Bereich in den sichtbaren Bereich.

Abb. 8.25: Die Farben der Interferenzpigmente basierend auf Glimmer, der mit Titandioxid beschichtet ist, beruhen auf der Schichtdicke des Titandioxids, mit dem der Glimmer beschichtet ist. Mit steigender Schichtdicke ändert sich die Farbe von Weiß über Gelb, Rot und Blau nach Grün.

Ersetzt man Titandioxid durch Eisenoxid, so liegen die resultierenden Farben im Bereich Rot bis Rotbraun. Man kann auch Titandioxid und Eisenoxid kombinieren, was goldgelbe Interferenzfarben ergibt.

Fallen Lichtstrahlen auf ein Interferenzpigment, so werden sie teilweise an der Oberfläche reflektiert. Dabei erfahren die Lichtstrahlen einen Phasensprung um eine halbe Wellenlänge, weil sie vom optisch dünneren ins optisch dichtere Medium übergehen. Der restliche Teil durchwandert die oberste Schicht – beispielsweise Titandioxid – unter Brechung und reflektiert wiederum teilweise an der Grenzschicht zum Trägerplättchen (Mica, Siliziumdioxid, Aluminiumoxid etc.). Dieser Teil verlässt das Pigment parallel zum ersten Reflexionsteil, wobei beide Teile miteinander interferieren: Trifft Wellenberg auf Wellenberg, so verstärkt sich die resultierende Welle. Wellenberg auf Wellental ergibt eine Abschwächung (bei Licht auch eine Auslöschung). Die Verschiebung der Wellen beruht auf dem zusätzlichen Weg, den die zweiten Reflexionsteile durch die Titandioxidschicht durchlaufen. Bezeichnet wird dieser Weg als „optische Weglänge" (Abbildung 8.26).

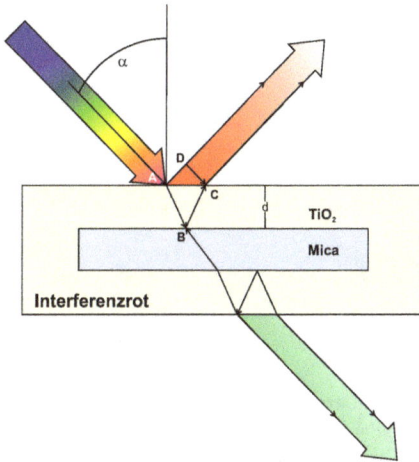

Abb. 8.26: Fällt weißes Licht auf ein Interferenzpigment, so wird es in eine Reflexions- und eine Transmissionsfarbe geteilt.

Dieses optische Verhalten wird in Physikbüchern als optischer Effekt an dünnen Plättchen beschrieben. Beobachten kann man diesen Effekt auch bei Ölschichten auf Wasser oder bei Seifenblasen.

Durchsichtige Interferenzpigmente lassen einen Teil des Lichts durch. Auf ihrer Rückseite erkennt man aufgrund des fehlenden Phasensprungs beim Übergang vom dichteren zum dünneren Medium die sogenannte Transmissionsfarbe. Sie ist komplementär zur Reflexionsfarbe. Blaue Interferenzpigmente sehen auf der Oberseite blau aus, in der Durchsicht oder auf der Rückseite erscheinen sie gelb. Entsprechend wechselt die gelbe Reflexionsfarbe eines gelben Interferenzpigments in der Durchsicht zum Blau (Abbildungen 8.27, 8.28).

Die resultierende Farbe wird hauptsächlich durch den Aufbau bestimmt, beispielsweise durch die Schichtdicke. Aber auch der Winkel des einfallenden Lichts spielt eine große Rolle: Vom steilen zum flachen Beleuchtungswinkel verschiebt sich die resultierende Farbe immer zum Kürzerwelligen (nicht Kurzwelligen!), also beispielsweise von gelblichem zu bläulichem Grün oder von rötlichem zu grünlichem Gelb (Abbildung 8.29). Im Farbkreis wandern die resultierenden Farben gegen den

Abb. 8.27: Diese Motorhaube wurde zunächst weiß lackiert. Darauf wurden schwarze Flächen gesetzt. Anschließend wurden darüber Streifen mit verschiedenen Interferenzfarben lackiert. Je nach Beleuchtungs- und Beobachtungswinkel zeigen die Farbstreifen entweder die Reflexions- oder die Transmissionsfarbe. Letztere reflektiert aber nur vom weißen Untergrund.

Abb. 8.28: Nahe am Glanz sind die Reflexionsfarben der Interferenzpigmente erkennbar, vom Glanz entfernt guckt man auf den gleichen dunkelgrauen Untergrund, der die jeweilige Transmissionsfarbe absorbiert.

Uhrzeigersinn, wenn sie flacher angestrahlt und in der Nähe des Glanzes beobachtet werden.

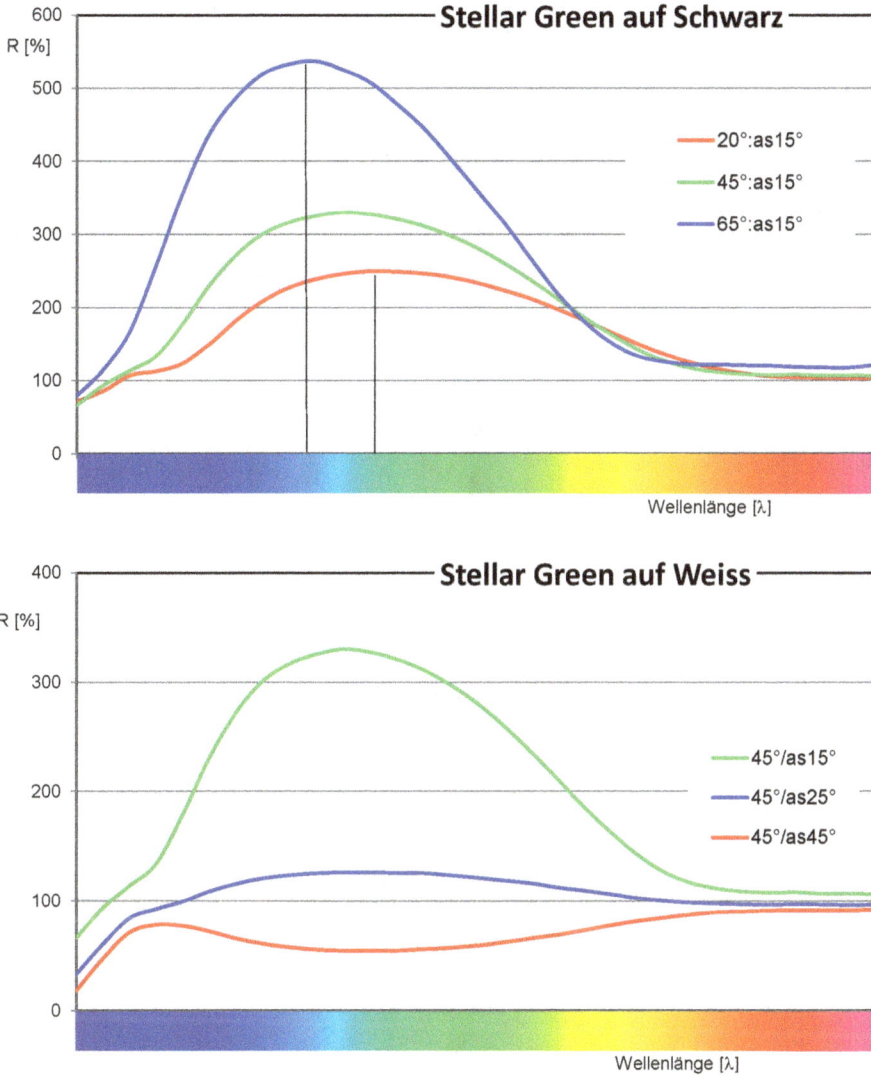

Abb. 8.29: Diese Diagramme zeigen zwei optische Eigenschaften der transparenten Interferenzpigmente: Oben ändert sich die Farbe, wenn der Beleuchtungswinkel von steil (20:as15 °) zu flach
wechselt (65:as15 °). Das Stellar Green wird bläulicher. Unten erkennt man den Wechsel von der Reflexionsfarbe (45 °:as15 °) zur Transmissionsfarbe (45 °:as45 °). Das Stellar Green wechselt vom Grün
zum Rot, wenn man sich bei gleichem Beleuchtungswinkel vom Glanzwinkel entfernt.

Eine Besonderheit der Interferenzpigmente ist ihr additives Mischverhalten: Gelb
und Blau mischen sich zu Weiß. Das beruht auf der Lichtteilung durch diese Pigmente. Mischungen von Interferenzpigmenten verhalten sich wie Mischungen von
Lichtern.

Die durchsichtigen Interferenzpigmente auf Basis von Titandioxid wechseln ihre Farbe nicht nur, wenn sich der Winkel des einfallenden Lichtes ändert, sondern auch bei verändertem Beobachtungswinkel bei gleichem Beleuchtungswinkel: Nahe am Glanzwinkel erkennt man die Reflexionsfarbe, beispielsweise Blau. Entfernt man sich vom Glanzwinkel, so blickt man ab 20 ° bis 30 ° vom Glanzwinkel durch die Pigmente hindurch. Von einem weißen Untergrund oder in der Durchsicht erkennt man die komplementäre Transmissionsfarbe. Wäre der Untergrund schwarz, würde nichts reflektiert, und die Transmissionsfarbe wäre nicht zu erkennen (Abbildung 8.30).

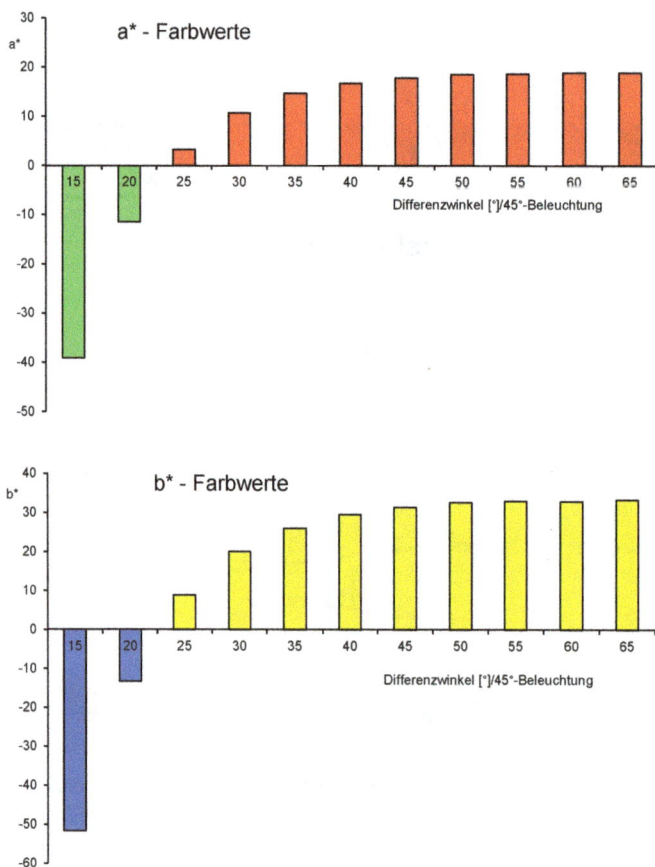

Abb. 8.30: Der Farbwechsel von der Reflexions- zur Transmissionsfarbe zeigt sich in der Änderung der a*- oder b*-Farbwerte. Oben wechselt ein grünes Interferenzpigment nach Rot, unten ein blaues Interferenzpigment nach Gelb. Der Wechsel findet zwischen 20 ° und 25 ° vom Glanzwinkel (= Differenzwinkel) statt.

Zur Beobachtung und Messung von Interferenzpigmenten werden mindestens drei Beleuchtungen benötigt. Die Beobachtung und Messung findet jeweils bei 15 ° vom

Glanzwinkel statt (= aspecular). Die drei Mess- und Beobachtungspunkte bilden die Interferenzlinie, die den Farbverlauf bei Änderung der Beleuchtung darstellt. Diese Linie ist charakteristisch für jedes Interferenzpigment (Abbildung 8.31).

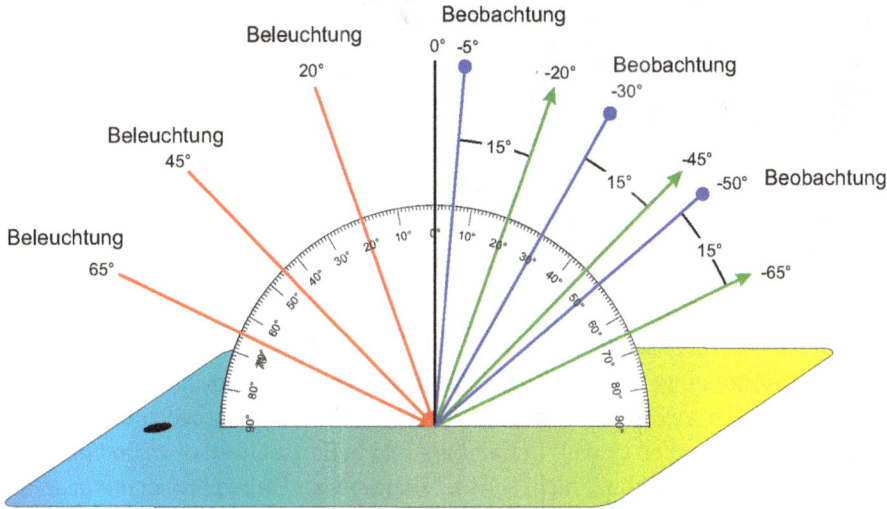

Abb. 8.31: Die roten Pfeile stellen die Beleuchtungen und die grünen deren Glanzwinkel dar. Die blauen weisen auf den Winkel der Beobachtung hin: Die Differenz zum jeweiligen Glanzwinkel beträgt 15 ° (= aspecular).

8.4.3 Verrückt, aber wahr!

Mein Lieblingspigment ist ChromaFlair 190, welches von Flex Products (heute Viavi Solutions) in Santa Rosa in Kalifornien im Hochvakuum hergestellt wird. Beleuchtet man dieses Pigment unter einem steilen Winkel und beobachtet es nahe am Glanz, so erkennt man Grün. Wird der Beleuchtungswinkel flacher und wird immer nahe am Glanz beobachtet, so ändert sich die Farbe von Grün nach Blau, Violett, Rot, Orange und zuletzt Gelb (Abbildung 8.32).

Diese faszinierende „Farbreise", die bei anderen Pigmenten deutlich kürzer ist, führt zu kuriosen und verrückten Beobachtungen, wenn man beispielsweise am Tag des höchsten Sonnenstandes (21.6.) eine Platte, die mit diesem Pigment lackiert wurde, gleichzeitig auf eine Straße in Hammerfest, in Hamburg und auf eine Straße in Key West in Florida legen würde. Die Sonnenhöchststände betragen für Hammerfest etwa 43 °, für Hamburg etwa 60 ° und für Key West etwa 89 °. Wenn morgens die Sonne aufgeht, sehen wir an allen Standorten zunächst Gelb und mit steigendem Sonnenwinkel Orange und Rot. Es folgt Violett; bei dieser Farbe erreicht die Sonne in Hammerfest allerdings schon ihren Höchststand. Mehr Farben erkennt man in Hamburg, wo bis zum Höchststand der Sonne noch Blauviolett und Blau folgen. Allerdings ist

Abb. 8.32: Die gleiche Kugel mit dem Pigment ChromaFlair 190 verschieden beleuchtet.

hier auch in Hamburg schon Schluss mit dem Farbwechsel. In Key West, wo die Sonne mittags höher steht, sieht man auch noch das Grün. Der Unterschied zwischen den Beleuchtungswinkeln führt also dazu, dass in Key West mehr Farben auf der lackierten Blechplatte zu sehen sind als in Hamburg und in Hammerfest! Grün und teilweise Blau würde man in Hamburg nicht sehen. Noch weniger Farben beobachtet man am gleichen Tag zur Mittagszeit in Hammerfest in Norwegen, wo die Sonne nur halb so hoch wie in Key West steht (Abbildung 8.33).

Abb. 8.33: Die Farbe dieses Interferenzpigmentes ändert sich vom flachen zum steilen Beleuchtungswinkel von Gelb, Orange, Rot zu Violett und weiter zu Blau und Grün. In Hammerfest, Norwegen würde man am 21. Juni bei Sonnenhöchststand maximal die Farben bis Violett erkennen. In Hamburg sieht man alle Farben bis einschließlich Blau. Nur in Key West erkennt man noch mehr Farben!

Umgekehrt könnte man auch anhand der Farbe den Breitengrad bestimmen, da der maximale Sonnenstand vom Breitengrad abhängig ist.

Die Farbe eines Interferenzpigments ist auch vom Brechungsindex der Umgebung abhängig. Ein Beispiel konnte ich nach dem Regen auf einer Karosse fotografieren.

Diese war mit dem ChromaFlair 190-Pigment lackiert. Aus dem Blickwinkel erschien die Lackierung von Orangerot bis Pinkrot changierend. Die Wassertropfen – aufgrund ihres größeren Brechungsindex – veränderten die Farbe ins Gelbe und Grüne (Abbildung 8.34).

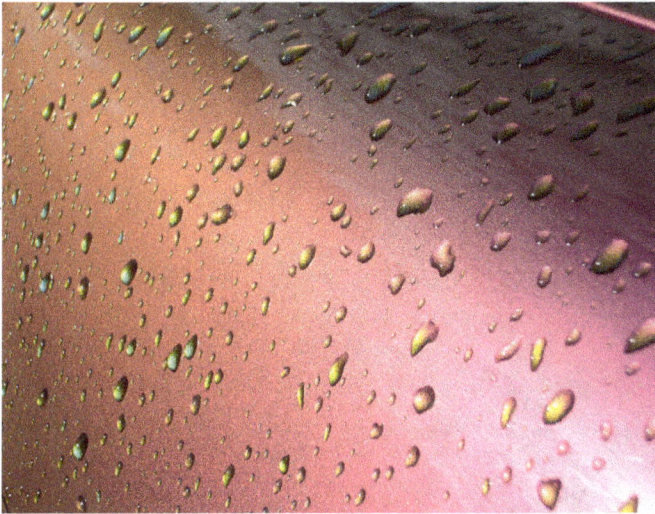

Abb. 8.34: Dass die Farbe eines Interferenzpigmentes auch vom Brechungsindex der Umgebung abhängig ist, zeigt sich an diesem Karosserieteil, welches mit dem beschriebenen Pigment lackiert ist: In den Wassertropfen ändert sich die rötliche Untergrundfarbe zum Grünlichen.

8.4.4 Und was kann man noch machen?

Erste Versuche zur Herstellung von Interferenzpigmenten gab es schon im Mittelalter, als man aus Fischschuppen das sogenannte Fischsilber auswusch. Manchmal findet man noch heute Muster. Die innere Schicht der Schalen der Perlmutter wurde beispielsweise für die Herstellung von Knöpfen oder für Einlegearbeiten in der japanischen und chinesischen Lackkunst genutzt.

Neben den beschriebenen Interferenzpigmenten werden auch solche ohne Trägermaterial auf der Basis von Bismutchloridoxid (auch Bismutoxichlorid BiOCl) angeboten. Diese weißliche Glitzersubstanz wird vielfach in der Kosmetik eingesetzt oder beispielsweise auch für die Herstellung mallorquinischer Perlen.

8.4.5 Flüssigkristalle

Als Flüssigkristalle bezeichnet man chemische Verbindungen, die zwischen ihrem festen und flüssigen Aggregatzustand noch eine Mesophase besitzen. In dieser Phase verhalten sie sich optisch wie Kristalle mit Doppelbrechung und Polarisation, sind aber flüssig.

Der Physiker Otto Lehmann (1855–1922) befasste sich ausgiebig mit ihnen und veröffentlichte 1904 sein Werk „Flüssige Krystalle". Er erweiterte sein Mikroskop mit einem heizbaren Teller, um die flüssig-kristallinen Phasen zu erforschen. Das Mikroskop sowie eine Vielzahl seiner Proben sind erhalten und können im Museum der Firma Merck bestaunt werden (Abbildung 8.35).

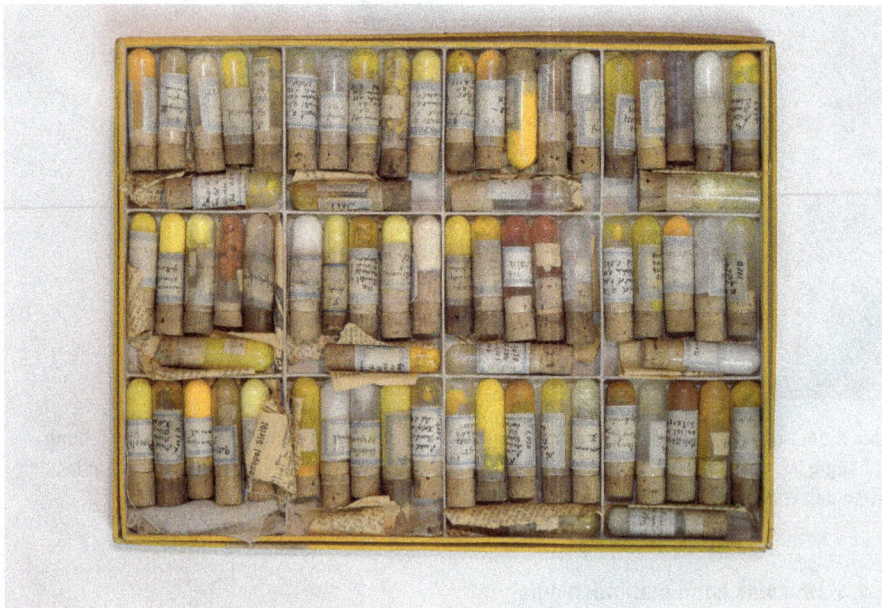

Abb. 8.35: Ein Teil der Sammlung von Otto Lehmann mit verschiedenen flüssigkristallinen Substanzen.

Um die Abhängigkeit der Farben von der Temperatur zu zeigen, machte ich Farbmessungen von schwarzen Kartons, die ich mit Flüssigkristallen besprühte. Diese Kartons legte ich auf ein Messgerät (Messöffnung oben) und beschwerte sie mit einem Glasbehälter (Aquarium). Den Glasbehälter befüllte ich mit heißem Wasser und maß dessen Temperatur kontinuierlich. In 1°-Schritten sank die Temperatur des Wassers und des darunterliegenden Kartons. Gleichzeitig erfolgten Farbmessungen mit unterschiedlichen Geometrien (Beleuchtung/Beobachtung). Das resultierende Diagramm zeigt eindrucksvoll den Farbverlauf in Abhängigkeit von der Temperatur (Abbildung 8.36).

Flüssigkristalle gibt es als nematische Phasen (Hell-Dunkel), als smektische oder cholesterische Phasen. Erstere wurden anfangs zur Darstellung der Zeit in Digitaluhren verwendet. Letztere dienen der Temperaturanzeige für Aquarien oder in der

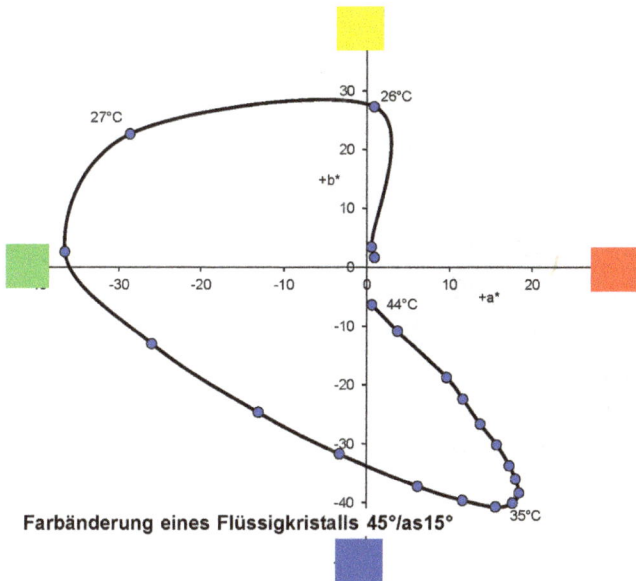

Farbänderung eines Flüssigkristalls 45°/as15°

Abb. 8.36: Im Diagramm sind die Farbwerte in Abhängigkeit von der Temperatur eingetragen. Bei 25 °C zeigt das Flüssigkristall keine Farbe. Erst mit Erhöhung der Temperatur und damit mit Übergang in die flüssig-kristalline Phase wird es farbig und ändert die Farbe von Gelb über Grün und Blau nach Blauviolett. Über 35 °C wird es wieder farblos.

Medizin. In Polymerisaten sind cholesterische Phasen nicht mehr temperaturabhängig (non-thermotrop). Sie findet man in fast allen Bildschirmen der PCs, Laptops und Smartphones.

8.4.6 Tages- und Nachleuchtfarben

Tages- und Nachleuchtfarben (nicht Nachtleuchtfarben!) nehmen UV-Licht auf und wandeln dieses in sichtbares Licht um (Abbildung 8.37). Bei Nachleuchtfarben erfolgt die Abgabe von Licht nach einer bestimmten Zeit (Sekunden) und kann über einen längeren Zeitraum anhalten (Abbildung 8.38).

Die stärksten Leuchteffekte werden mit roten und gelben Tagesleuchtpigmenten (Neon-Pigmente) erreicht, weil beim Übergang der Elektronen vom energiereichen UV-Niveau auf ein energieärmeres Niveau bei ihnen deutlich mehr Lichtenergie freigesetzt wird. Blaue Tagesleuchtfarben sind deshalb wegen der geringen Differenz von UV zum blauen Spektralbereich deutlich schwächer. Bei grünen Tagesleuchtpigmenten handelt es sich meistens um Mischungen von blauen und gelben Tagesleuchtpigmenten. Neben anorganischen Substanzen wie Zinksulfid (ZnS), in dessen Kristallstruktur verschiedene Elemente eingebaut sind, gibt es eine Reihe von organischen, fluoreszierenden Verbindungen.

Abb. 8.37: Tagesleuchtfarben können so schön bunt sein!

Abb. 8.38: Man erkennt den Unterschied zwischen Tages- und Nachleuchtfarbe beim Wechsel der Beleuchtung.

Nachleuchtfarben, die Licht verzögert freigeben, werden in unterschiedlichen Farben von Gelborange, Orange, Rot und Grün angeboten. Blaue Nachleuchtpigmente gibt es auch, werden aber selten angeboten (Abbildung 8.39).

Abb. 8.39: Nachleuchtpigmente werden in verschiedenen Farben angeboten.

9 Die Kunst des Mischens

Die höchste und schönste Kunst beim Umgang mit Farben (Pigmenten) besteht im Mischen. Hierbei lassen sich nahezu ungeahnte Resultate erzielen. Und das bezieht sich sowohl auf das Mischen von Buntpigmenten (subtraktiv) als auch auf das Mischen mit Interferenzpigmenten (additiv) (Abbildung 9.1).

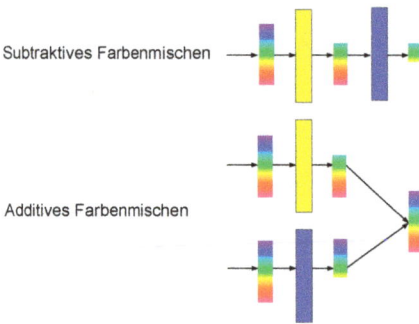

Subtraktives Farbenmischen

Additives Farbenmischen

Abb. 9.1: Beim subtraktiven Mischen sind zwei Farbfilter hintereinander geschaltet: Der Gelbfilter lässt nur den Bereich von Grün bis Rot passieren. Der nachfolgende Blaufilter lässt nur noch Grün hindurch. Beim additiven Mischen stehen die Farbfilter parallel. Was sie jeweils passieren lassen, wird wieder vereinigt.

Weil wir Farben nicht so wahrnehmen, wie wir glauben, kommt es beim Mischen von Pigmenten zu Resultaten, die wir für „normal" oder „naturgegeben" halten. Erst im Vergleich der Vorgänge vor dem Auge (physikalisch) mit denen hinterm Auge (physiologisch) lassen sich diese besser verstehen.

Sicherlich steht einem Künstler eine Vielzahl von fertigen Farben (Pigmenten) zur Verfügung. Trotzdem ist es spannend, das Verhalten von Farben (Pigmenten) in Mischungen zu beschreiben. Man sieht nämlich keinem Pigment sein optisches Verhalten in Mischungen an. Und es ist angebracht, Messgeräte hinzuzuziehen. Sie können das Verhalten der Farben (Pigmente) besser analysieren. Es geht nicht um quantitative und technische, sondern um qualitative Darstellung – also keine Angst vor den Messungen, die zur Erklärung der Mischphänomene dienen.

Die besten Ergebnisse beim Mischen von Farben (Pigmenten, Künstlerfarben, Autolacken) erzielt man mit nebeneinanderliegenden Farben: Ein grünliches Gelb mit einem gelblichen Grün oder ein rötliches Blau mit einem bläulichen Rot (Abbildung 9.2).

Wie schon beschrieben schickt ein Messgerät weißes Licht auf ein Muster (Papier, Blech etc.) und misst die reflektierten Anteile im gesamten Spektralbereich. Durch genormte Umrechnungen werden aus den prozentualen Reflexionswerten Farbwerte, die unsere Farbempfindung widerspiegeln. Diese Farbwerte finden im Koordinatensystem mit einer waagrechten Rot-Grün-Achse und einer senkrechten Gelb-Blau-

https://doi.org/10.1515/9783110793918-009

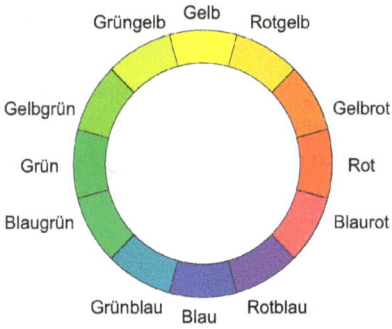

Abb. 9.2: Will man eine Künstlerfarbe (Autolack, Kunststoff) farblich tönen, so empfehlen sich hierfür benachbarte Farben.

Achse ihren exakten Platz (Abbildung 9.3). Mit Hilfe derartiger Messungen lassen sich Mischphänomene besser und genauer beschreiben und erklären.

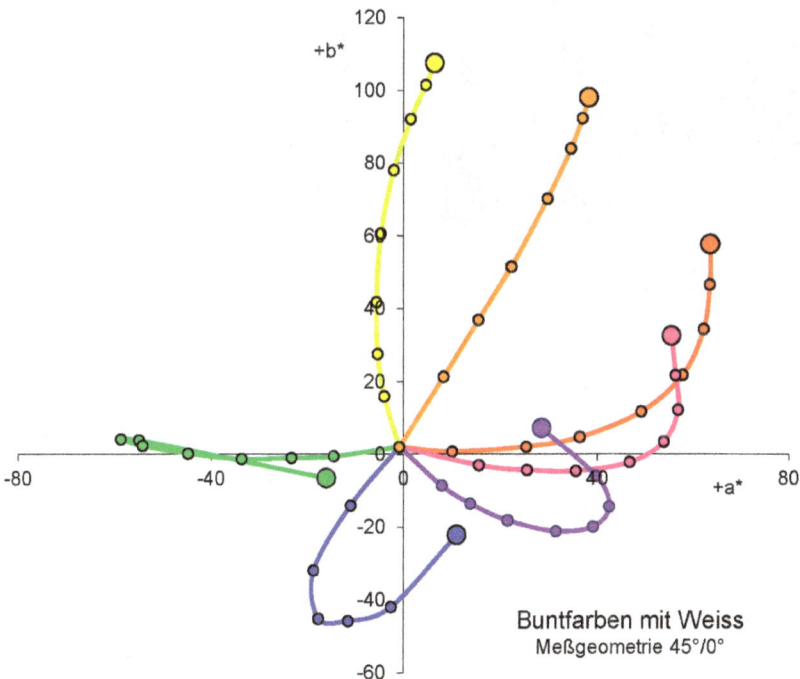

Abb. 9.3: Das Koordinatensystem mit einer Rot-Grün- (a*-) und einer Gelb-Blau-(b*-)Achse spiegelt unser Farbempfinden wider. Je weiter eine Farbe und deren Farbwert vom Nullpunkt entfernt ist, desto bunter ist sie. Dargestellt sind reale Mischverläufe von Buntpigmenten gegen Weiß. Beim Verlauf der Mischreihen von Grün und Blau nimmt die Buntheit zunächst zu, um ab einem Wendepunkt in Richtung Weiß abzunehmen. Das rote Pigment wird bei Zugabe von Weiß bläulich, besitzt aber wie die gelbe Mischreihe keinen Wendepunkt.

9.1 Subtraktives Mischen

Wer kann sich nicht an seinen Kunstunterricht und das Arbeiten mit einem Malkasten erinnern: Zunächst hatte der Malkasten schöne, leuchtende Farben in den Näpfchen. Nach kurzer Zeit waren die Farben verschwunden, und der Malkasten zeigte sich von seiner gruseligen Seite (Abbildung 9.4). Die Mischungen wurden immer schmuddeliger und dunkler, Beispiele fürs subtraktive Mischen!

Abb. 9.4: Wenn man sich intensiv mit einem Malkasten beschäftigt, tritt schnell eine Wandlung der bunten Farben in schmuddelige Mischungen ein und die bunten Farben sind nicht mehr zu erkennen: Oben vor dem Kunstunterricht, unten nach dem Kunstunterricht.

Beim Mischen von Farben (Pigmenten) ändern sich die Farben immer dreidimensional: Gelb mit Schwarz wird dunkler, schmutziger und grüner, die Helligkeit L^* nimmt ab, die Buntheit C^* verringert sich, und der Farbton h^* verschiebt sich zum Grünen (Abbildungen 9.5, 9.6).

In diesem Kapitel werden verschiedene Mischungen exemplarisch vorgestellt, um die Reaktionen zwischen den Farben (Pigmenten, Farbstoffen) zu verstehen. Pigmente sind selten farbneutral, sondern besitzen eine Farbrichtung. Diese Farbrichtung wird deutlich bei Ausmischungen mit Weiß.

Während Buntpigmente sich subtraktiv mischen, verhalten sich Interferenzpigmente additiv. So mischt sich ein gelbes und ein blaues Interferenzpigment nicht zu Grün, sondern zu Weiß. Der Grund liegt in den optischen Eigenschaften dieser Pigmentart, die in Künstlerfarben, Autolacken oder Kunststoffen eingesetzt werden. Sie

Abb. 9.5: Pigmente können in Autolacken oder Künstlerfarben enthalten sein. Das Mischverhalten ist immer gleich.

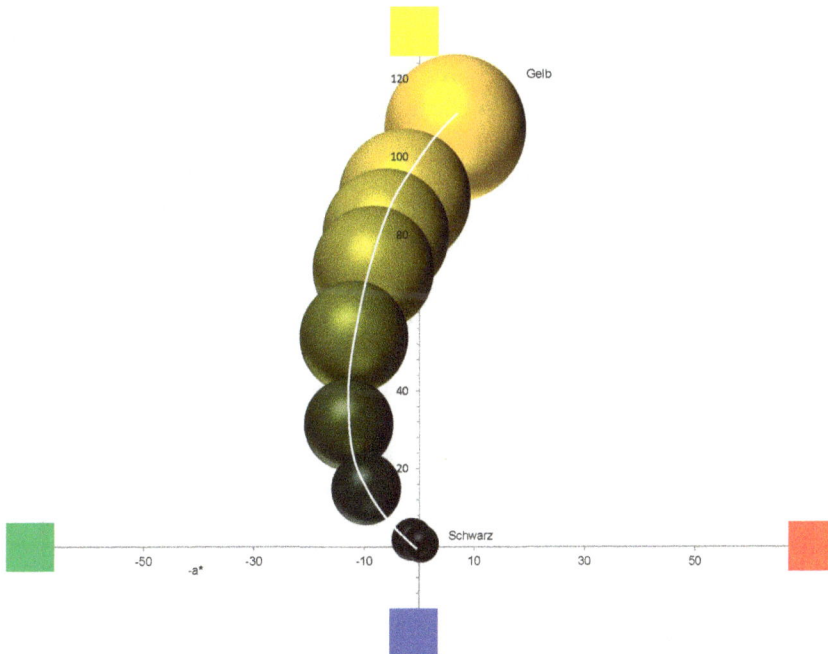

Abb. 9.6: Wird Gelb mit Schwarz gemischt, so werden die Mischungen dunkler, unbunter und grünlicher. Die Position und die Farbe der Kugeln spiegeln jeweils den Farbort wider; ihre Größe ist das Maß für die Helligkeit.

bestehen aus kleinen, sehr flachen Plättchen, die mit einer starkbrechenden Schicht ummantelt sind. Aufgrund von Brechungen und Reflexionen interferieren die Lichtstrahlen miteinander, die auf dieses Plättchen treffen. Transparente Interferenzpigmente zeigen zudem unterschiedliche Farben: An der Oberseite in der Aufsicht erkennt man die typische Reflexionsfarbe, auf der Unterseite (bei der Durchsicht) sieht man die komplementäre Transmissionsfarbe: Ein blaues Interferenzpigment ist in der Durchsicht gelb.

Das Mischverhalten kann man sich vorstellen anhand von Farbfiltern: Beim subtraktiven Mischen sind die Filter hintereinandergeschaltet: Sie filtern Lichtstrahlen und lassen somit immer weniger Lichtstrahlen durch. Beim additiven Mischen dagegen sind sie parallelgeschaltet, und die jeweils durchgelassenen Lichtstrahlen werden wieder vereint (siehe Abbildung 8.39).

9.1.1 Mischungen mit Weiß

Im Weiteren wird der Begriff Pigment verwendet, um deutlich auf das Material hinzuweisen. Ein Pigment findet man eingesetzt in unterschiedlichen Bindemitteln, die als Träger für die Anwendung fungieren: Als Künstlerfarben werden sie als Öl- oder Acrylfarben angeboten, manchmal gibt es Aufhellungen mit Weiß. Bei Autolacken werden sie als Pasten oder sogenannte Mischlacke verarbeitet.

Beim Zumischen von Weiß (z. B. Titandioxid) werden zunächst die Spektralbereiche mit geringeren Reflexionen stärker ausgefüllt. Ein gelbes Buntpigment ändert sich wenig im grünen, gelben und roten Bereich, wo es am meisten reflektiert. Die Zugabe von Weiß bewirkt eine steigende Reflexion im blauen Spektralbereich.

Ausmischungen mit Weiß gehören zu den Standardprüfungen von Buntpigmenten. Sie zeigen die optischen Eigenschaften eines Buntpigments. Als Faustregel gilt, dass gelbe und rote Pigmente mit ihrer hohen Buntheit bei Zugabe von Weiß fahler und heller werden. Insbesondere Rotpigmente zeigen keine lineare Mischungsreihe, sondern oft eine Änderung zum Violetten.

Grüne und blaue Buntpigmente sind meistens sehr dunkel mit geringer Buntheit. Erst durchs Aufhellen mit Weiß erkennt man die eigentliche Farbe. Grüne und blaue Pigmente steigern zunächst ihre Buntheit und Helligkeit beim Zumischen von Weiß. Ab einem Scheitelpunkt (Wendepunkt) verringert sich ihre Buntheit, während die Helligkeit weiter gegen Weiß zunimmt. Dieses Verhalten findet man auch bei Mischungen von beiden Buntpigmenten mit Aluminium- und weißen Interferenzpigmenten (Abbildung 9.7).

Interessant sind auch die Ausmischungen von Schwarz mit Weiß oder umgekehrt. Da unsere Helligkeitswahrnehmung nicht linear verläuft (Weber-Fechner-Gesetz), lässt sich eine physiologisch gleichabständige Abstufung nicht durch einfaches lineares Mischen erreichen. Unsere Wahrnehmung ist logarithmisch angelegt (siehe Abb. 4.25).

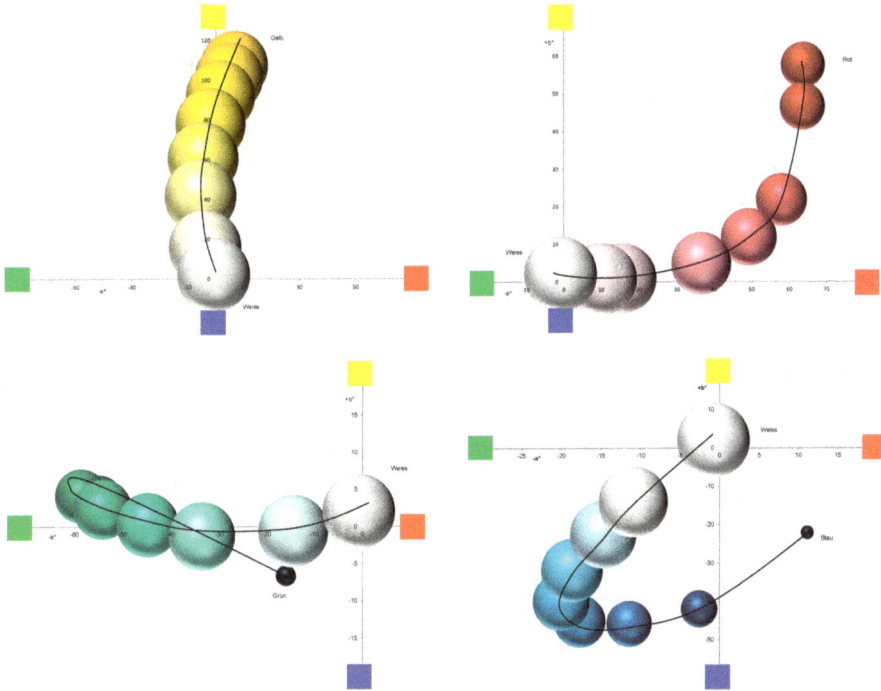

Abb. 9.7: Dargestellt sind die Mischreihen von vier Buntpigmenten mit Weiß. Die Größe der Kugel repräsentiert die Helligkeit. Der Koordinatenwert zeigt den Farbwert an, die dargestellte Farbe entspricht der Farbmessung.

Würde man beispielsweise eine weiße Künstlerfarbe (Autolack, Wandfarbe) mit einer entsprechenden schwarzen im Verhältnis 1:1 mischen, so ist das Ergebnis etwas dunkler als die Hälfte beider Ausgangshelligkeiten: Mischt man nun die 1:1-Mischung wiederum jeweils hälftig mit Weiß und Schwarz, so erhält man eine Mischreihe 3:1, 1:1 und 1:3 Weiß:Schwarz. Diese Reihe ist aber mit den Ausgangsfarben nicht gleichabständig in unserer Wahrnehmung. Der Abstand von Weiß und Schwarz ist ein großer Sprung zur jeweils nächsten Mischfarbe!

9.1.2 Mischungen mit Schwarz

Schwarze Pigmente (Ruß) werden in feiner und normaler Teilchengröße angeboten. Der feine Ruß ist bläulicher als der normalgroße Ruß, weil er hauptsächlich Lichtstrahlen des blauen Spektralbereichs streut (Rayleigh-Streuung, siehe auch Himmelsblau). Diese Eigenschaft ist in Mischungen ebenso deutlich zu erkennen wie die geringere Helligkeit. Bei Effektfarben (Effektpigmenten) wirkt sich das auch auf den Effekt (Farbverschiebung) aus.

Die Zugabe von Weiß zu einer Farbe (Pigment) füllt die spektralen Bereiche mit geringer Reflexion (in Richtung Weiß) schneller auf als die entsprechend stärker reflektierten Bereiche. Bei Schwarz wird die Reflexion in den stärker reflektierenden Bereichen stärker abgesenkt. Das wird insbesondere deutlich bei Gelb, welches durch Zugabe von Schwarz zu Olivgrün wird (auch hier eine dreidimensionale Änderung: Abnahme der Buntheit, Änderung des Farbtons und Abnahme der Helligkeit).

9.1.3 Mischungen Gelb mit Rot

Mischt man gelbe und rote Farben (Pigmente, Künstlerfarben, Autolacke), so benötigt man wenig Rot, um ein Gelb zu Orange zu machen, aber viel Gelb, wenn man mit dem Rot startet. Das liegt an den unterschiedlichen Farbstärken dieser beiden Farben (Pigmente): Eine 1:1-Mischung ist meistens rot, während 1 Teil Rot auf 100 Teile Gelb ein schönes Orange ergibt (Abbildung 9.8).

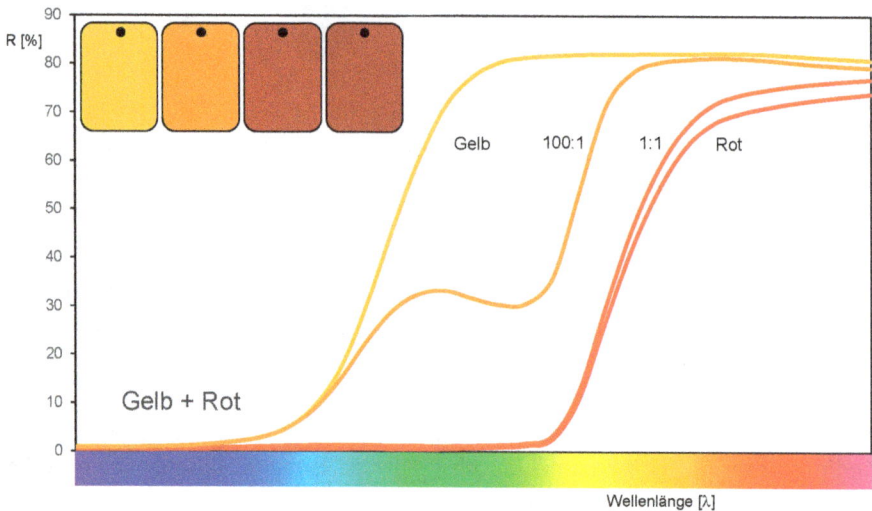

Abb. 9.8: Rot ist deutlich farbstärker als Gelb. Deshalb sollte man zum Mischen eines Oranges mit Gelb beginnen und wenig Rot zugeben. Ein Mischungsverhältnis 100:1 (Gelb:Rot) bei diesem Beispiel liegt etwa in der Mitte zwischen Gelb und Rot.

Ein orangefarbenes Pigment ist deutlich bunter als eine Mischung aus Gelb und Rot. Trotzdem lässt unser Sehvorgang keine Unterscheidung dazwischen zu, ob das vorliegende Orange auf einem einzelnen Pigment oder auf einer Mischung basiert. Die Reflexionsmessungen dagegen zeigen eindeutig den Unterschied: Während ein orangefarbenes Pigment (Künstlerfarbe, Autolack) einen ähnlichen Kurvenverlauf wie ein gelbes oder rotes Pigment zeigt, besitzt die Mischung einen "Sattel" (Abbildung 9.9).

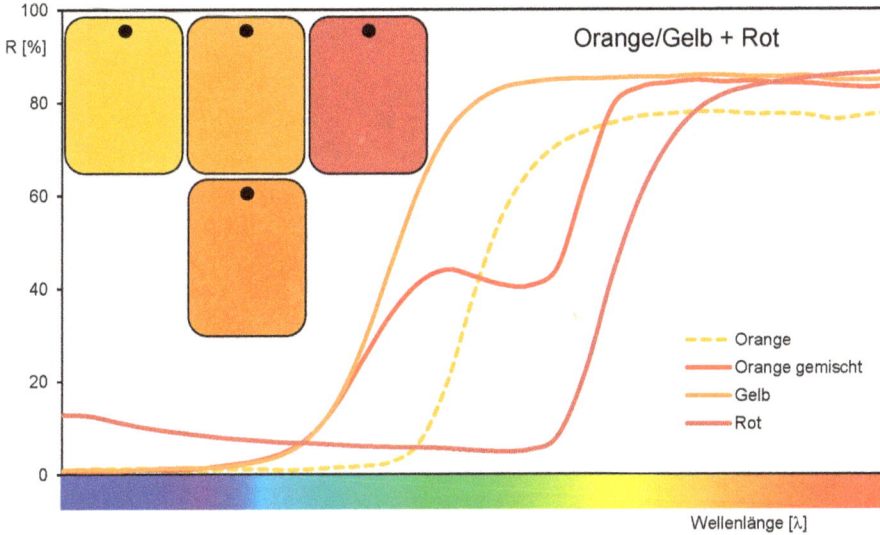

Abb. 9.9: Ein aus Gelb und Rot gemischtes Orange ist nicht so bunt wie ein Orangepigment. Anhand der Reflexionskurven kann ein Orangepigment von einer Mischung unterschieden werden: Die Reflexionskurve des gemischten Orange besitzt eine Sattelform.

9.1.4 Mischungen Rot mit Blau

Betrachtet man die Reflexionskurven der Ausgangsfarben, so ergibt der überlappende Bereich die resultierende Farbe beim subtraktiven Mischen. Da Rot nur sehr schwach im blauen Spektralbereich und Blau nur sehr schwach im roten Spektralbereich reflektiert, ergibt sich nur eine bräunlich-schmutzige Mischfarbe. Je gelblicher das Rot und je grünlicher das Blau ist, desto violett-ähnlicher wird die Mischfarbe. Allerdings wird sich nie ein brillantes Violett ergeben, wie man es als einzelne Farbe (Pigment, Künstlerfarbe, Autolack) herstellen kann.

Bei Aquarellfarben benutzt man einen weißen Untergrund und eine Verdünnung der Mischung, was den Eindruck erweckt, Rot und Blau lassen sich zu Violett mischen. Tatsächlich ist das Mischergebnis eine mehr oder weniger schmutzige Mischfarbe (Abbildung 9.10).

Mischungen von Rot und Blau verbinden die beiden Farbbereiche an den jeweiligen Spektrumsenden. Violett/Purpur existiert nicht als eigener Spektralbereich!

9.1.5 Mischungen Blau mit Grün

Die maximalen Reflexionsbereiche Blau und Grün liegen nebeneinander, so dass deren Mischungen keine Überraschungen bieten.

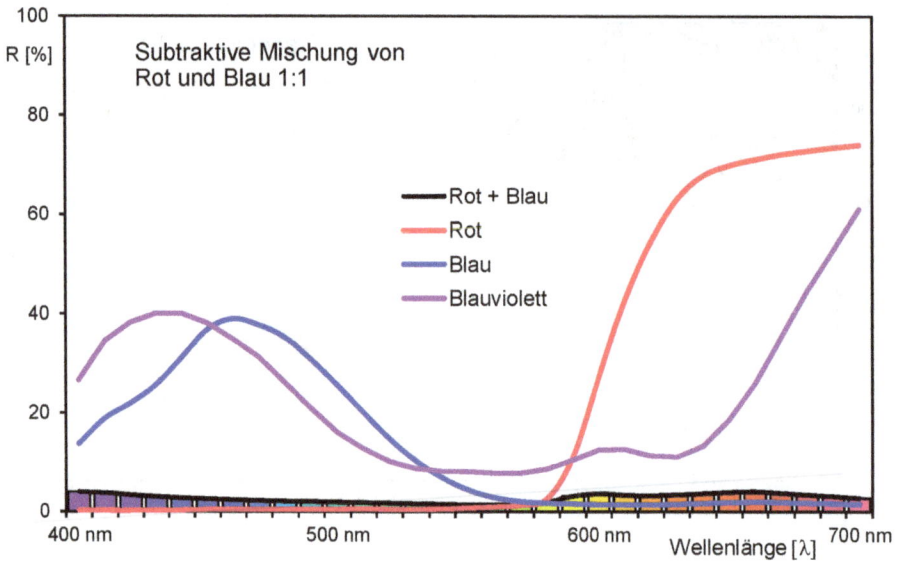

Abb. 9.10: Mischung von Rot und Blau im Vergleich zur Reflexion eines blauvioletten Pigmentes. Dieses ist deutlich bunter als die Mischung von Rot und Blau.

9.1.6 Mischungen Grün mit Gelb

Auch die maximalen Reflexionsbereiche von Grün und Gelb grenzen aneinander. Je grünlicher die Ausgangsfarbe Gelb und je gelblicher das Grün, desto brillanter sind die Mischfarben. Wird ein rötliches Gelb mit Grün gemischt, so ist die Mischfarbe weniger brillant (Rot + Grün = Grau/Unbunt).

9.1.7 Mischungen Gelb mit Blau

Die interessantesten Mischungen sind diejenigen von weit auseinanderliegenden Farbbereichen, so wie bei Gelb und Blau. Die Mischvorgänge sind hierbei schwer zu verstehen, weil unser Auge uns nur geringe Informationen liefert und wir dem glauben, was wir sehen. Aber was wir nicht sehen, liefert eigentlich die entscheidenden Informationen (Abbildung 9.11).

Goethe beschreibt in seinem Buch „Zur Farbenlehre" die drei Grundfarben Gelb, Rot und Blau. Und da Grün aus Gelb und Blau gemischt wird, ist es für ihn eine Mischfarbe. Tatsächlich lässt sich Grün aus einem gelben und einem blauen Buntpigment (Künstlerfarbe, Autolack) mischen. Warum? Der Grund liegt darin, dass ein Gelb und ein Blau schon Grün enthalten, was beim Mischen „übrigbleibt". Wir können nicht erkennen, dass beispielsweise Gelb auch im grünen und roten Spektralbereich

Abb. 9.11: Gelb und Blau mischen sich subtraktiv zu Grün, weil in beiden Ausgangsfarben schon Grün enthalten ist und beim Mischen „übrigbleibt"!

reflektiert und das Auge und Gehirn diese Anteile zu Gelb zusammensetzen (Abbildung 9.12).

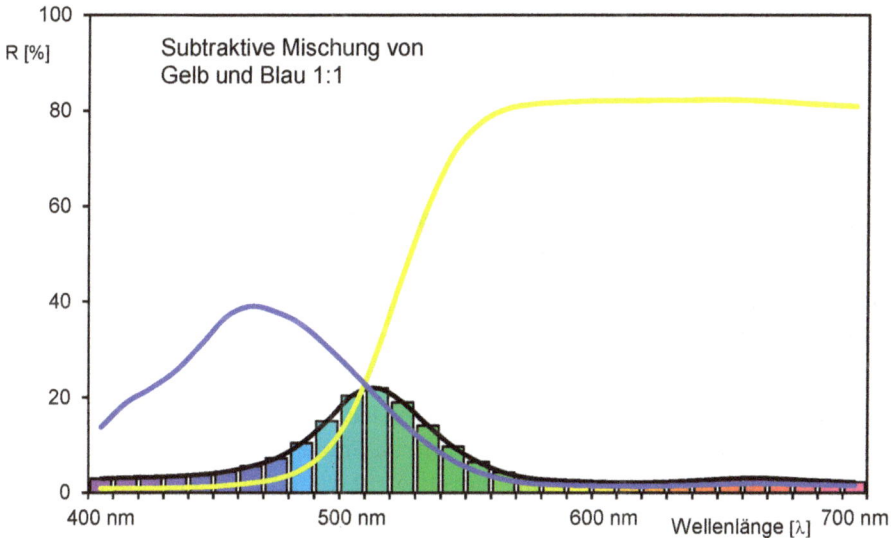

Abb. 9.12: Die Reflexionen von Blau und Gelb überschneiden sich und die gemeinsame „Schnittmenge" ergibt Grün, welches in beiden Ausgangsfarben enthalten ist.

Was Goethe beschrieben hat und was jeder mit seinem Schulmalfarbkasten nachvollziehen kann, sind allgemeine Erfahrungen. „Dass alle Farben zusammengemischt Weiß machen, ist eine Absurdität, die man nebst andern Absurditäten schon ein Jahrhundert gläubig und dem Augenschein entgegen zu wiederholen gewohnt ist."

9.1.8 Mischungen Grün mit Rot

Diese beiden Farbbereiche stehen ebenso weit auseinander wie Gelb und Blau, so dass ihre Mischungen irgendetwas Graues ergeben (vgl. Abbildung 9.13). Mit „irgendetwas" ist die Spannbreite gemeint, die sich aus den Farbbereichen selbst ergibt: Ein gelbliches oder bläuliches Rot mit einem gelblichen oder bläulichen Grün: Überschneiden sich die Farbbereiche, ergeben sich farbliche Nuancen von Grau.

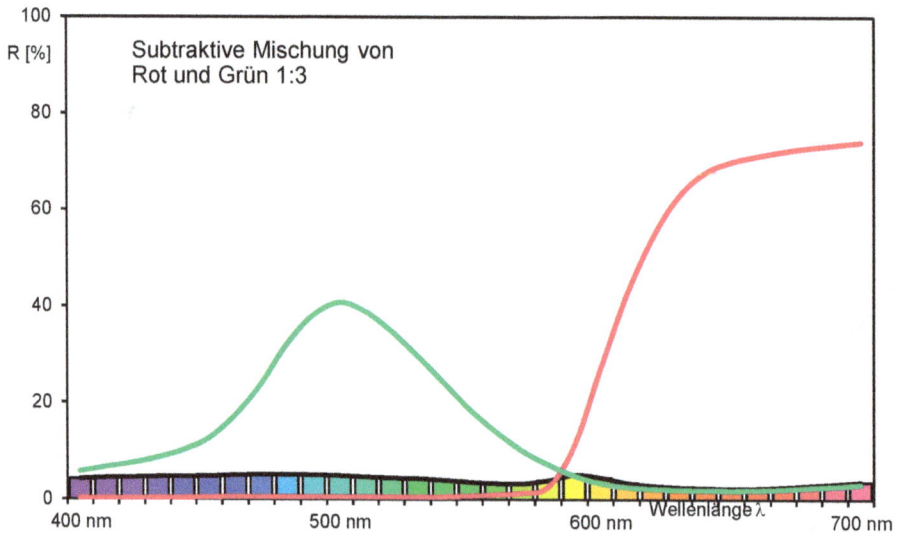

Abb. 9.13: Ähnlich wie die Mischung von Gelb und Blau überschneiden sich die Reflexionen beim Mischen von Rot und Grün. Ergebnis ist ein „schmuddeliges" Grau.

Das Mischverhalten kann man sich auch hier mit Farbfiltern vorstellen: Der rote Filter lässt nur rotes Licht durch, das auf Grün trifft. Da Grün nicht im roten Bereich reflektiert, gibt es bei der Mischung keine – oder so gut wie keine – Reflexion in diesem Farbbereich.

Je weiter die Farbbereiche der Ausgangsfarben voneinander entfernt sind, desto schmutziger und unbunter ist das Mischergebnis. Rücken sie näher zusammen, wird das Ergebnis bunter: Je weiter Rot Richtung Orange oder Gelb wandert, desto grüner wird die Mischung mit Blau. Je weiter ein Gelb gegen Rot wandert, desto dunkler und schmutziger wird die Mischung mit Grün.

9.2 Additives Mischen

Dieser Vorgang gehört für viele Menschen zu den „böhmischen Dörfern", und er kommt ihnen meistens spanisch vor. Die Nähe zur Physik – alles vor dem Auge ist

Physik – schreckt ab, weswegen es unglaubwürdig erscheint, dass dieser Mischvorgang mit Pigmenten möglich ist. Jeder weiß schließlich, wie sich Farben (Pigmente) verhalten.

Gelb plus Blau gleich Weiß oder Gelb plus Grün gleich Orange! Zauberei? Nein, pure Physik. Betrachtet man die Reflexionskurven der Ausgangspigmente oder auch die berechneten Farbwerte, so erscheinen die Ergebnisse plausibel.

Es sind Interferenzpigmente, die sich beim Mischen additiv verhalten. Sie teilen das einfallende Licht und reflektieren es; das Mischen ist also der gleiche Vorgang wie beim Mischen verschiedenfarbiger Lichter.

Bei der Parallelanordnung zweier Farbfilter – einem gelben und blauen – wird die jeweilige Farbe durchgelassen. Wenn man beide gefilterten Lichter wieder zusammenfügt, erhält man das komplette Farbspektrum und damit Weiß.

9.2.1 Mischungen mit zwei Interferenzpigmenten

Mischungen von zwei Interferenzpigmenten (gibt's auch als Künstlerfarben) verhalten sich nahezu ideal: Die 1:1-Mischung liegt farblich in der Mitte zwischen beiden Ausgangsfarben. Das gilt sowohl für gelbe und rote Interferenzpigmente als auch für blaue und rote. Mit Letzteren erhält man im Gegensatz zum subtraktiven Mischen richtige violette Ergebnisse (Abbildungen 9.14, 9.15).

Man kann auch Interferenzpigmente mischen, deren Farben im Farbkreis gegenüberliegen wie beispielsweise Gelb und Blau oder Rot und Grün. Als Resultat erhält man die gewünschten „Mittelwerte".

9.2.2 Verrückt, aber wahr!

Ein gelbes Interferenzpigment mischt sich mit einem blauen zu Weiß. Der Grund liegt im Aufbau dieser Pigmentart und in ihrem optischen Verhalten gegenüber dem einfallenden Licht. Es wird lediglich geteilt, so dass beim Mischen die gleichen Gesetze gelten wie beim Mischen von Lichtfarben (Abbildung 9.16). Je nach Mischungsverhältnis der Ausgangspigmente wird die Mischfarbe leicht gelblich, weißlich oder leicht bläulich.

Mischt man ein grünes mit einem roten Interferenzpigment, erhält man eine leicht gelbliche Mischfarbe (Abbildung 9.17). Vergleicht man die Mischergebnisse beider Mischungen, dann stellt man die gleiche resultierende Farbe fest!

$$\text{Gelb} + \text{Blau} = \text{Rot} + \text{Grün}.$$

Das Mischen eines gelben und eines grünen Interferenzpigmentes (Scarabäus) ergibt Orange. Das liegt an dem Reflexionsminimum vom Grün im roten Spektralbereich, das durch das Interferenzgelb ausgefüllt wird.

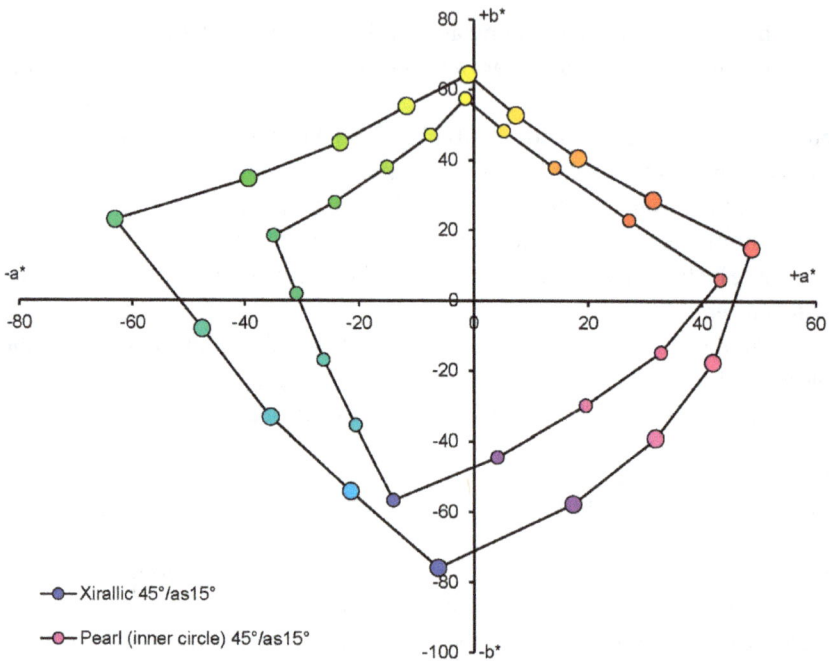

Abb. 9.14: Interferenzpigmente auf der Basis von Titandioxid lassen sich beliebig mischen. Zwischen Perlgelb, Perlrot, Perlblau und Perlgrün sind die Mischungen in den Verhältnissen 3:1, 1:1 sowie 1:3 angeordnet. Zusammen bilden sie (hier bei zwei verschiedenen Arten von Interferenzpigmenten) einen „Drachen".

9.2.3 Mischungen mit drei Interferenzpigmenten

Drei Pigmente zu mischen, stellt schon eine Herausforderung dar, besonders das subtraktive Mischen von Buntpigmenten mit Weiß oder Schwarz als dritte Komponente. Gelb, Blau und Rot ergibt allerdings nur ein unbuntes Gemisch, was auch mit Grün, Rot und Blau geschieht (Abbildung 9.18).

Nimmt man dagegen Interferenzpigmente, so ergeben sich interessante Kombinationen. So kann beispielsweise Gelb, Rot und Grün die gleiche Farbe ergeben wie Gelb, Rot und Blau:

$$\text{Gelb} + \text{Rot} + \text{Grün} = \text{Gelb} + \text{Rot} + \text{Blau}.$$

9.2.4 Mischungen mit vier Interferenzpigmenten

Da sich Interferenzpigmente wie erwähnt beim Mischen nahezu ideal verhalten, gelingen auch Mischungen mit vier Interferenzpigmenten. Betrachtet man den Farbraum,

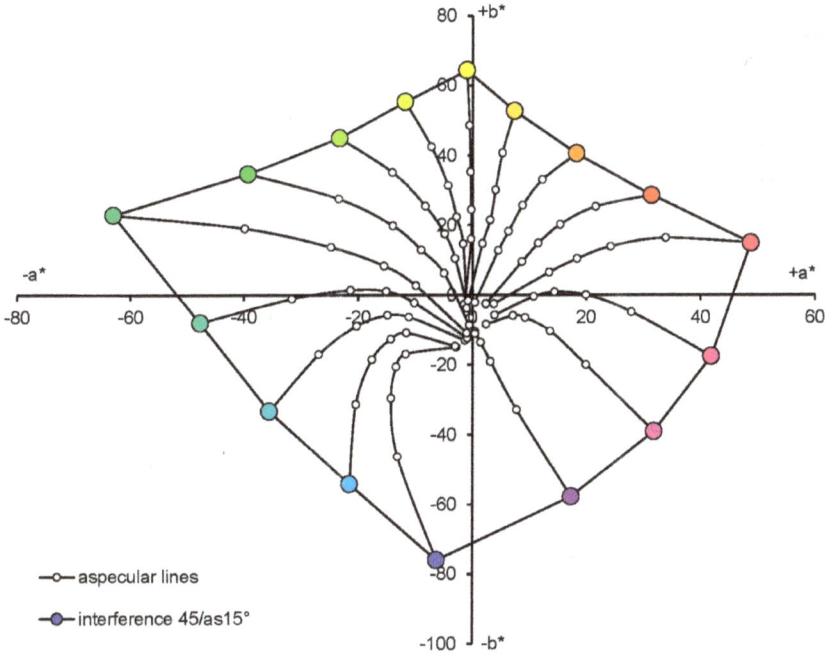

Abb. 9.15: Bewegt man sich bei der Beobachtung der Interferenzpigmente vom Glanzwinkel weg, so nehmen sie stark an Buntheit ab und tendieren in eine Richtung (Messung nahe am Glanz gleich bunte Punkte (= Interferenz), graue Punkte stellen die Aspecular-Linien mit zunehmender Distanz zum Glanzwinkel dar).

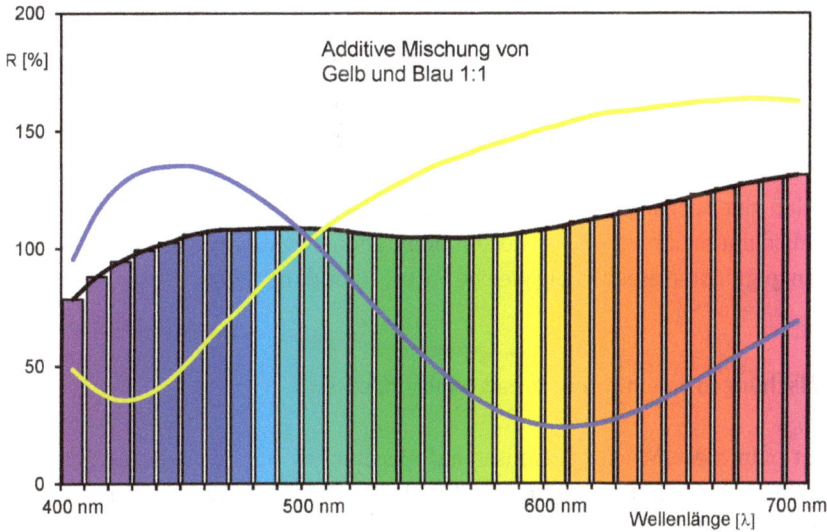

Abb. 9.16: Das additive Mischverhalten von Interferenzpigmenten zeigen auch die Reflexionskurven, die ein oder zwei Knoten (Schnittpunkte) bilden. Alle Mischungen „schwingen" durch diese Knoten. Gelb mit Blau ergibt ein Weiß (siehe Reflexionswerte) und Rot mit Blau ein schönes Violett.

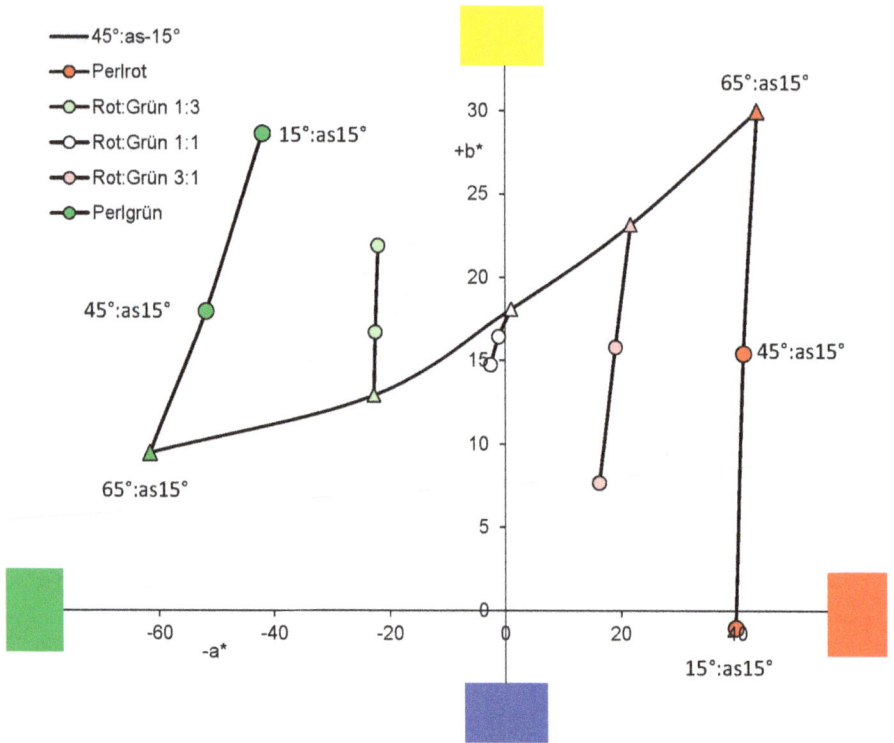

Abb. 9.17: Gemischt wurde Perlgrün mit Perlrot in den Verhältnissen 3:1, 1:1 und 1:3. Dargestellt sind die jeweiligen Interferenzlinien basierend auf drei Beleuchtungen mit gleichem Differenzwinkel zum Glanzwinkel (steile – klassische – flache Beleuchtung 15 °:as15 °, 45 °:as15 ° und 65 °:as15 °). Grün changiert vom Gelblichem zum Bläulichen und Perlrot umgekehrt vom Bläulichen zum Gelblichen (gegen den Uhrzeigersinn), wenn sie flacher beleuchtet werden (65 °:as15 °). Die Farbwerte bei dieser Geometrie sind der besseren Anschauung wegen mit einer Linie verbunden.

der von den vier Ausgangspigmenten eingenommen wird, so stellt sich dieser als beliebiger Mischraum dar. Verschiedene Kombinationen und Mischverhältnisse von vier Interferenzpigmenten ergeben die gleiche Farbe (Abbildung 9.19).

9.2.5 Mischungen von Interferenz- mit Buntpigmenten

Überträgt man diese Mischverhältnisse auf Mischungen mit zusätzlichen Buntpigmenten, so bleiben die Ergebnisse erhalten. Egal, ob ich die Mischungen mit Blau oder mit Schwarz mische, die Resultate der Mischungen von Interferenzpigmenten mit Buntpigmenten bleiben nahe am Glanzwinkel gleich.

Vielfach findet man Interferenzpigmente in Mischungen von Autofarben. Diese bestehen heutzutage meistens aus Dreiermischungen von Bunt-, Aluminium- und

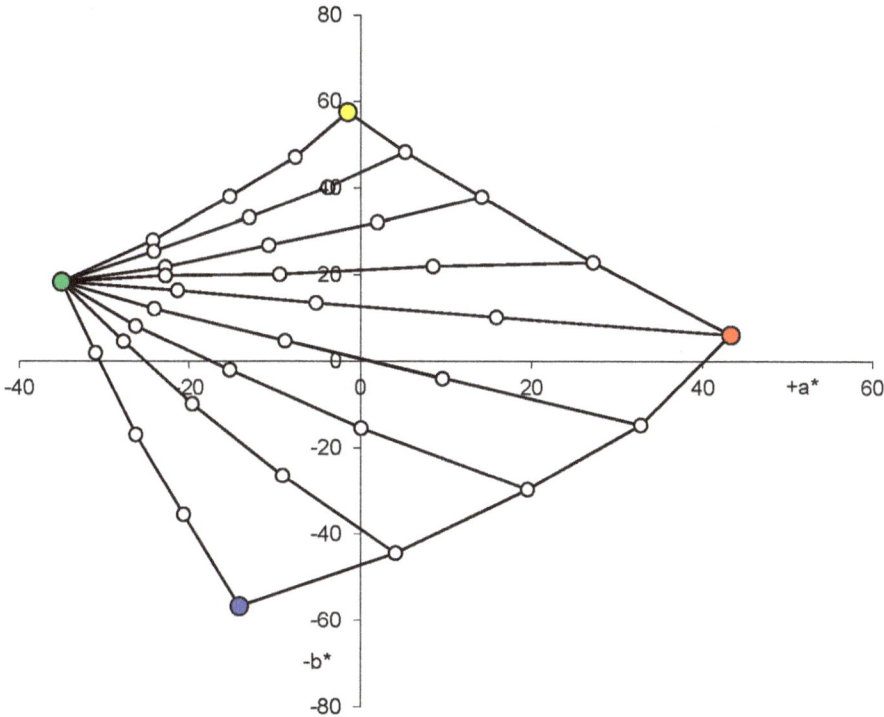

Abb. 9.18: Mischungen mit drei Interferenzpigmenten lassen sich beliebig ausführen. Die Ergebnisse sind nahezu ideal. In der Abbildung sind die Mischungen ausgehend vom Perlgrün zusammengestellt, jeweils in den Verhältnissen 3:1, 1:1 und 1:3.

Interferenzpigmenten. Im automobilen Bereich werden Interferenzpigmente seit etwa 1980 eingesetzt, zunächst als Designerlacke für Sonderlackierungen. Ab Mitte der 1980er Jahre wurden sie dann in Mischungen mit Buntpigmenten verwendet, die später um Aluminiumpigmenten erweitert wurden.

9.2.6 ... und mit farbigen Lichtern!

Das additive Mischen lässt sich gut mit farbigen Lichtern demonstrieren: Rot und Grün ergibt Gelb, Grün und Blau ergibt Türkis. Interessant ist es, wenn man drei farbige Lichtquellen parallel nebeneinander anordnet und einen Gegenstand in diese Lichter hält. Man erkennt verschiedenfarbige Schatten: Fehlendes Blau führt zu einem gelben, fehlendes Grün zu einem lilafarbenen und fehlendes Rot zu einem türkisfarben Schatten. Die Abwesenheit der drei Lichter ergibt Schwarz.

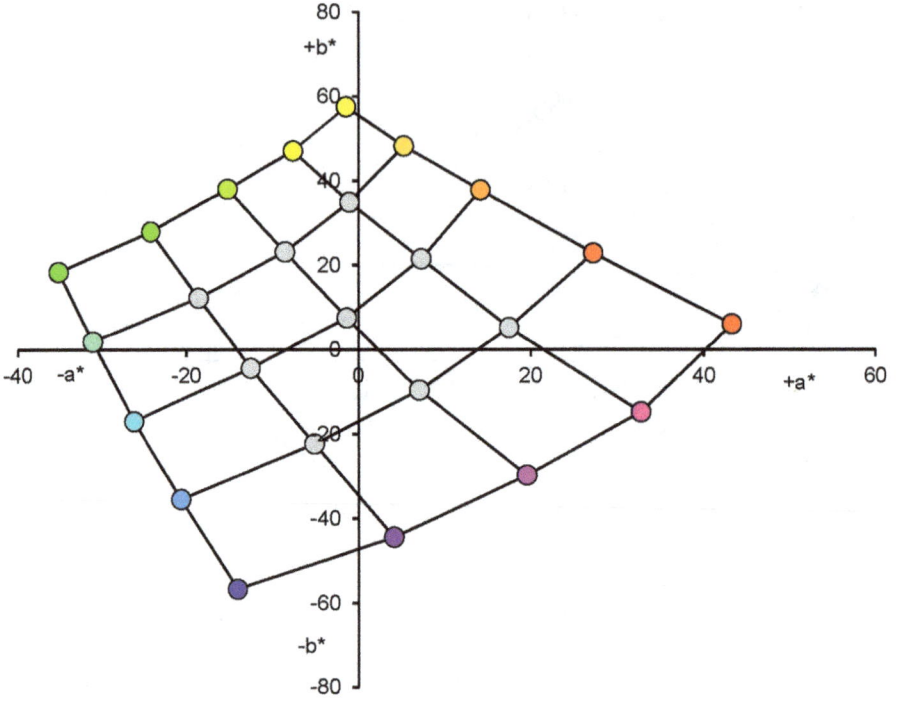

Abb. 9.19: Auch vier Interferenzpigmente verhalten sich beim Mischen ideal. Die grauen Punkte repräsentieren die Mischungen der Ausgangspigmente.

10 Farbsysteme

Die Beschäftigung mit Farben hat zur Entwicklung verschiedener Farbsysteme und Farbsammlungen geführt. Während Farbsysteme Farben systematisch darstellen, werden in letzteren Farben unsystematisch gesammelt.

Professor Wilhelm Ostwald, Begründer der physikalischen Chemie und Nobelpreisträger für die Definition der Katalyse, beschäftigte sich auch mit Farben. Seine „Farbenfibel" veröffentlichte er erstmalig im Jahre 1917.

Er baute zunächst einen 100-teiligen Farbkreis auf, den er später auf einen 24-teiligen reduzierte. Durch Kreisel, die er mit zwei Farben belegte, konnte er komplementäre Farben ermitteln. Sein Farbkreis beruht also auf gleichabständigen Farbempfindungen (Abbildung 10.1).

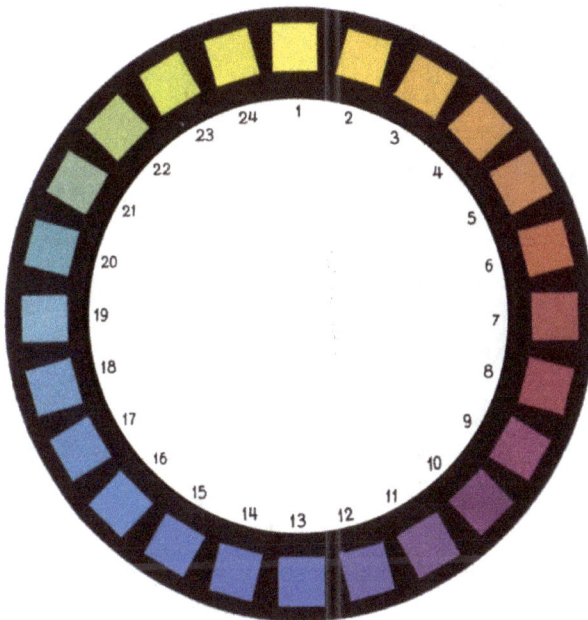

77 bis 100.
(Die Zählung beginnt bei dem Farbton 1 und läuft im Sinne des Uhrzeigers.)

Abb. 10.1: Ostwald stellte die Farben aufgrund von Versuchen mit Kreiseln zu einem Farbkreis zusammen.

Malt man einen Kreisel oder eine drehbare Scheibe hälftig in Blau und Gelb an, so ergeben beide Farben in der Drehbewegung nicht Grün, sondern Grau als Mischfarbe. Unser Auge kann die einzelnen Farben nicht unterscheiden und mischt diese additiv. Das ist die gleiche Reaktion wie bei der Brille mit einem gelben und einem blauen Glas. Auch hier werden beide Sehkanäle vom Gehirn zu einer Reaktion additiv zusammengesetzt (Abbildung 10.2).

https://doi.org/10.1515/9783110793918-010

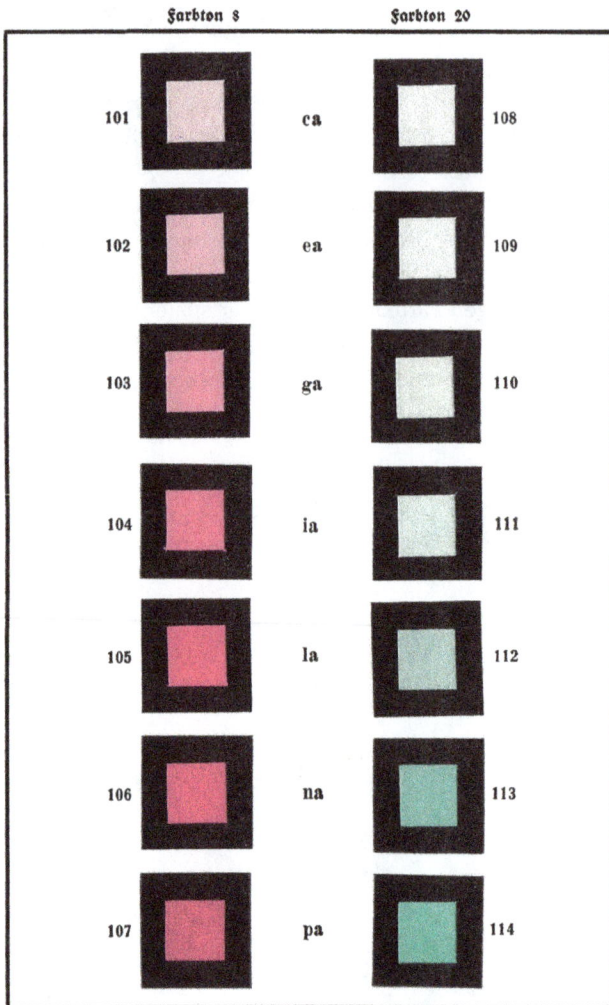

Abb. 10.2: Ostwald setzte Farben empfindungsgemäß zusammen.

Ostwald mischte die Farben auch mit Weiß und Schwarz, um entsprechende Helligkeitsabstufungen zu erhalten (Abbildung 10.3). Durch die Durchnummerierung konnte er ein Farbsystem aufbauen, in dem die Farben physiologisch gleichabständig angeordnet sind (Abbildung 10.4).

Der amerikanische Maler Albert Henry Munsell entwickelte ebenfalls ein Farbordnungssystem, das gleichabständige Farben enthielt. Dabei steht wie bei Ostwald die Farbwahrnehmung im Vordergrund.

Beide Ideen flossen in die Definition des CIE-Farbnormsystem (*CIE – Commission Internationale de l'Éclairage*), welches die Verbindung zwischen der Physik und Physiologie des Sehens erstellte.

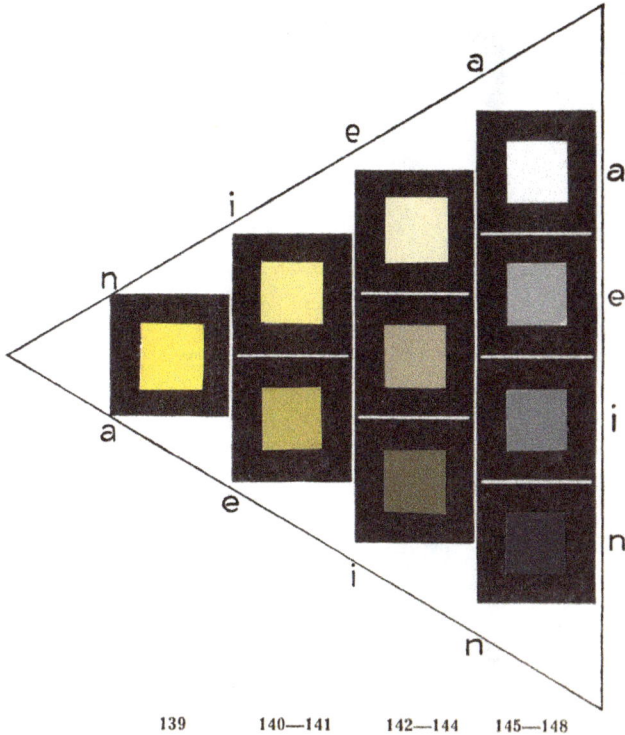

Abb. 10.3: Helligkeitsabstufungen mit Schwarz und Weiß von Ostwald.

Die gebräuchlichen Farbsysteme basieren auf unterschiedlichen Ansätzen, die sich insbesondere aus den Anwendungsbereichen ergeben. Vorgestellt wurde schon das CIELAB-System, das hier kurz anhand von Farbseparationen wiederholt wird.

Die Abbildung mit den vielen bunten Kunstblumen dient als Grundlage für die Darstellung und Beschreibung der nachfolgenden Systeme. Diese werden anhand ihrer Farbseparationen vorgestellt (Abbildung 10.5).

10.1 RGB

Beim RGB-System stehen drei Farbkanäle Rot (R), Grün (G) und Blau (B) in einem Koordinatensystem senkrecht aufeinander. Durch additives Mischen können Mischfarben erzeugt werden. Geht man von Pixeleinstellungen von 0 bis 255 aus, so lassen sich theoretisch 16,7 Mio. Farben erzeugen. Unsere menschliche Wahrnehmung kann geschätzt 2–3 Mio. Farben unterscheiden (Abbildung 10.6).

Verwendung findet das RGB-System bei digitalen Darstellungen (Displays) bei Smartphones, Tablets und Monitoren. Hier werden alle Farben – auch Gelb – gemischt.

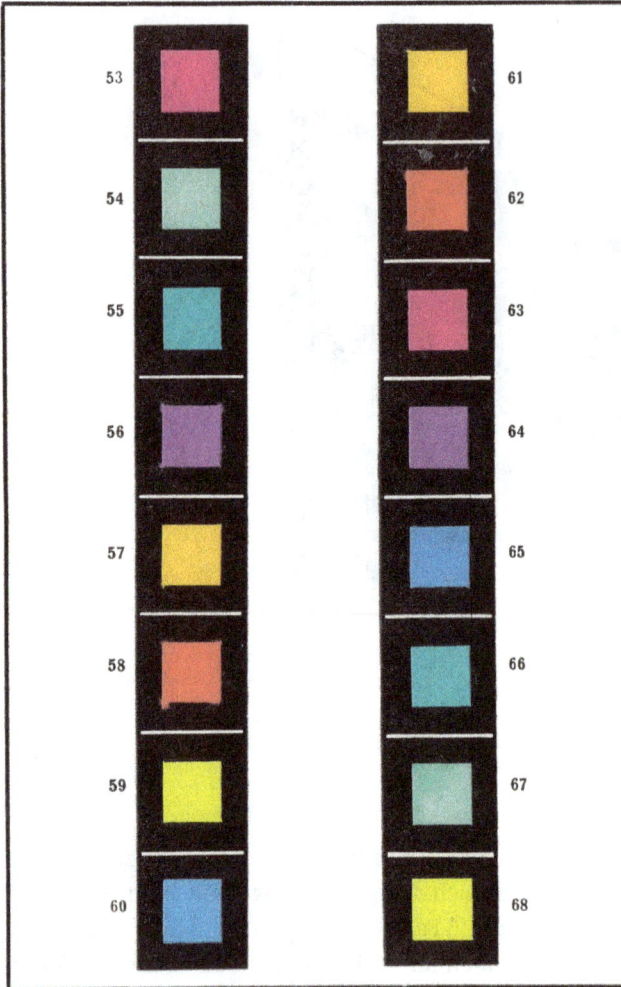

Abb. 10.4: Durch die Arbeiten mit einem Kreisel konnte Ostwald die Farben gleichabständig anordnen.

10.2 L*a*b*

Im industriellen Bereich der Auto-, Lack-, Pigment- und Kunststoffindustrie wird gebräuchlicherweise mit L*a*b*-Werten gerechnet und gearbeitet. Ursprünglich wurde das System zur Berechnung von Farbabständen entwickelt. Diese Farbabstände sind hilfreich bei der Neuproduktion oder beim Nachstellen einer Farbe. Die L*a*b*-Farbwerte sind ausgabeneutral, d. h. sie sind nicht auf ein Medium beschränkt (Abbildung 10.7).

Die Software-Programme der Hersteller von Farbmessgeräten werten die Reflexionsmessungen aus und berechnen daraus L*a*b*-Farbwerte sowie Differenzwerte dE,

Abb. 10.5: Dieses bunte Bild bildet die Grundlage für die nachfolgenden Farbseparationen.

Abb. 10.6: Das RGB-System besteht aus drei Kanälen, in die sich ein Bild teilen lässt.

Abb. 10.7: Die Trennung eines Farbbildes in seine Komponenten L*a*b* ergibt für a* (mittleres Bild) und b* (rechtes Bild) relativ „flaue" Auszüge. Das liegt daran, dass die a*- und b*-Werte sowohl positiv als auch negativ sein können. Die Bilder besitzen deswegen weniger Kontrast.

die sich im einfachen Fall aus der Wurzel der quadrierten Farbwerte berechnen lassen.

Aus physikalischen Reflexionswerten der Lichtstrahlen werden durch Umrechnung physiologische Farbwerte berechnet. Dieser Vorgang spiegelt unsere Wahrnehmung wider: Lichtstrahlen lösen auf der menschlichen Netzhaut einen optischen Reiz aus, der im Gehirn in Farben umgewandelt wird.

10.3 CMYK

Das CMYK-Farbmodell findet heutzutage im Vierfarbdruck Anwendung. Es ist ein subtraktives Modell, das von der Drucktechnik, der Papieroberfläche sowie von den Pigmentdruckfarben abhängig ist. Da kein tiefes Schwarz aus der Kombination der drei Farben Cyan, Magenta und Gelb (Yellow) mischbar ist, wird als vierte Farbe Schwarz (K) hinzugeführt. Schwarz verleiht dem Druck auch eine gewisse Farbtiefe (Abbildung 10.8).

Abb. 10.8: Die Buchstabenkombination CMYK deutet auf die Vierfarbtrennung der Farben hin: Durch die Kombination des Cyan-Auszuges (oben links), des Magenta-Auszuges (oben rechts), des Yellow-Auszuges (unten links) sowie des Schwarz(Key)-Auszuges (unten rechts) werden gebräuchlicher weise farbige Vorlagen gedruckt.

11 Farbsammlungen

Die meisten Farbsammlungen stellen durch Mischen gewonnene Farben zusammen. Allerdings beruhen sie auf physikalischen Eigenschaften und nicht auf Wahrnehmungen. Man kann nicht oft genug betonen, dass Mischungen von Farben (Pigmenten) nichts mit dem Sehen und der Wahrnehmung zu tun haben. Es wurde schon erwähnt, dass auch Altmeister Goethe diesem Irrtum erlegen ist wie auch viele seine Nachfolger, beispielsweise Johannes Itten. Die von ihnen in Kreisform erstellten Mischfarben spiegeln nur das Mischverhalten wider.

Philipp Otto Runge, ein Maler und Brieffreund Goethes, stellte die Farben in einer Kugel dar. Diese dreidimensionale Ansicht beinhaltete auch Aufhellungen und Abdunklungen der Farben, die ebenfalls auf Mischungen beruhten (Abbildung 11.1).

Abb. 11.1: Philip Otto Runge ordnete die Farben dreidimensional an.

https://doi.org/10.1515/9783110793918-011

11.1 RAL

Neben den Farbordnungssystemen gibt es auch zahlreiche Farbsammlungen wie die „Farbtonkarte für Fahrzeuganstriche" des RAL (RAL – *Reichsausschuss für Lieferbedingungen*), die im Jahr 1927 eingeführt wurde. Es ist eine Sammlung von sogenannten Behördenfarben und kein Farbsystem. Anfangs wurden die Farben mit Ziffern und einem Buchstaben gekennzeichnet. In der Farbtonkarte von 1932 tauchen dann die noch heute gebräuchlichen Bezeichnungen mit vier Ziffern auf, beispielsweise „RAL 9006", früher „1h" oder „RAL 3000", früher „7".

Die Farbtonkarte wurde immer wieder ergänzt, beispielsweise 1934 auf Wunsch der Deutschen Reichsbahn-Gesellschaft (35m), des Reichsministers für Verkehr (32h) oder des Reichsministers der Luftfahrt und Oberbefehlshaber der Luftwaffe (1r). 35m war die Farbe für den Rheingold-Zug und 32h für „Wegezeichen [...] entspr. einem zwischenstaatlichen Abkommen über die Vereinheitlichung der Wegezeichen vom 30. März 1931".

Tab. 11.1: Heutige RAL-Farben.

Farbbereich	Farben
Gelb und Beige	Grünbeige RAL 1000 – Sonnengelb RAL 1037
Orange	Gelborange RAL 2000 – RAL Orange RAL 2017
Rot	Feuerrot RAL 3000 – Perlrosa RAL 3033
Violett	Rotlila RAL 4001 – Perlbrombeer RAL 4012
Grün	Patinagrün RAL 6000 – Leuchtgrün RAL 6038
Grau	Fehgrau RAL 7000 – Perlmausgrau RAL 7048
Braun	Grünbraun RAL 8000 – Perlkupfer RAL 8029
Weiß und Schwarz	Cremeweiß RAL 9001 – Perldunkelgrau RAL 9023

Tab. 11.2: Innerhalb dieser Gruppe befinden sich auch Verkehrsfarben.

Verkehrsgelb	RAL 1023
Verkehrsorange	RAL 2009
Verkehrsrot	RAL 3020
Verkehrspurpur	RAL 4006
Verkehrsblau	RAL 5017
Verkehrsgrün	RAL 6024
Verkehrsgrau A	RAL 7042
Verkehrsgrau B	RAL 7043
Verkehrsweiß	RAL 9016
Verkehrsschwarz	RAL 9017

Außerdem befinden sich im RAL-Register zwei aluminiumpigmentierte Farben: Weiß-aluminium RAL 9006 und Graualuminium RAL 9007. Diese Farben wurden ursprünglich von der Deutschen Reichsbahn als Sonnenschutz (Reflektoren) für Güterwaggons gewählt. Eine exakte Nachstellung dieser beiden Farben ist heute nicht möglich, da die entsprechenden Aluminiumpigmente nicht mehr produziert werden.

Einige RAL-Farben sind nicht mehr im aktuellen Programm wie das Violett RAL 4000 (= 35m) des Rheingold-Zuges. Oder Behörden wie die Post haben sich umgestellt: Gelbe Briefkästen (RAL 1005) prägen heute unser Straßenbild. Ende 1934 wurde das bisherige Postgelb oder Postblau für die Briefkästen auf Rot (RAL Nr.7 = RAL 3000) umgestellt. Postkästen für Luftpost erhielten einen blauen und Postkästen für den Postscheckverkehr einen grünen Anstrich.

Neben den klassischen RAL-Farben (RAL-Classic) bietet RAL noch eine Sammlung von Designfarben an. Auch Perlfarben, die einen glänzenden Perleffekt bieten und die vom Autor 1999 entwickelt wurden, finden sich ebenfalls im Programm.

In Nutzfahrzeug-, gewerblichen und auch privaten Bereichen finden auch heute RAL-Farben Verwendung. Die Nutzfahrzeughersteller haben meistens die RAL-Nummern durch eigene Bezeichnungen ersetzt (Tab. 11.1, Tab. 11.2).

11.2 TGL

In der DDR wurden die RAL-Farben nach dem Ende des 2. Weltkrieges weiter benutzt. Später entwickelte die DDR die TGL-Farbkarten (*T*echnische Normen, *G*ütevorschriften und *L*ieferbedingungen), die ebenfalls eine Farbsammlung darstellten. Die Ausgabe von 1977 enthielt 108 Farben gegenüber 86 Farben der vorherigen Ausgabe. Im Jahr 1987 wurde von diesen 108 Farben die Hälfte im nächsten Register durch andere ersetzt (Abbildung 11.2).

11.3 Pantone

Pantone ist ebenfalls eine Farbsammlung und kein Farbsystem. Die Farben sind nicht gleichabständig bezüglich unserer Wahrnehmung sortiert. Hauptsächlich im Druck- und Designbereich werden diese Farbmuster eingesetzt. Ursprünglich beruhte das Pantone Matching System auf 14 Basisfarben, die um 4 Basisfarben auf insgesamt 18 Basisfarben erweitert wurden. Das Pantone Matching System umfasst 1755 Farben, die teilweise auch in Software-Programmen integriert sind. Zu vielen Farben werden auch RGB-Werte, allerdings keine L*a*b*-Werte zugeschrieben.

Pantone gehört heute zur Firma X-Rite und handhabt seine Urheber- und Markenrechte sehr restriktiv. Vergleiche mit anderen Systemen sind nicht erlaubt.

Abb. 11.2: Das TGL-Farbregister wurde in der DDR als Gegenstück zum RAL-Farbregister eingeführt.

11.4 HKS

Drei Hersteller von Druckfarben fanden sich 1968 zusammen, um eine Farbpalette für den Druckbereich zusammenzustellen. *H*orstmann-Steinberg Druckfarben gehört heute zu der hubergroup Deutschland GmbH, dem weltweit größten Hersteller von Druckfarben. *K*ast & Ehinger Druckfarben wurde von der BASF übernommen und in BASF Drucksysteme umbenannt. Im Jahr 2005 ging das Unternehmen im amerikanischen Unternehmen Flint Ink Company auf.

Dritte im Bund ist die Firma H. *S*chmincke & Co, die einer der Marktführer bei Künstlerfarben ist.

Der Bezeichnung „HKS" setzt sich aus den drei Anfangsbuchstaben der Firmen zusammen.

Ursprünglich wurden 88 HKS-Farben entwickelt, die bis heute um jeweils 39 Nuancen erweitert wurden. Der aktuelle Farbfächer enthält 3520 Volltonfarben, wobei diese entweder auf gestrichenem Papier oder Naturpapier dargestellt sind. Beim Colourbook HKS 3000+ sind die Farben auch mit deren 4c-Separation in CMYK angegeben.

11.5 NCS

Das *N*atural *C*olor *S*ystem (NCS) beruht auf der Theorie der Gegenfarben des deutschen Physiologen Ewald Hering. Ende der 1930er Jahre wurde vom schwedischen

Physiker Tryggve Johansson ein Farbmodell entwickelt, das von Sven Hesselgren zu einem Farbatlas mit etwa 500 Farben ausgebaut wurde. Im nächsten Schritt wurde der Atlas auf 1750 Farben und dann 1995 auf 1950 Farben erweitert.

Wie von Ewald Hering postuliert wurde, baut das NCS auf „reinen" Farben auf. Dabei stehen sich Gelb und Blau sowie Rot und Grün in einem Koordinatensystem gegenüber. Auch hier gibt es kein bläuliches Gelb oder gelbliches Blau und kein rötliches Grün oder grünliches Rot. Kegelförmig über und unter dem Farbkreis mit abgestuften Farben von 1 bis 100 befinden sich Weiß und Schwarz. Von diesen beiden verlaufen auf dem Doppelkegel die jeweiligen Mischungen.

Gekennzeichnet werden die Farben durch ihren Schwarzanteil, ihre Farbigkeit (Chroma) und ihren Mischanteil, der beispielsweise mit R70B ein Violett mit einem Anteil von 30 % Rot und 70 % Blau enthält.

Kritisch muss angemerkt werden, dass beim Farbkreis von gleichhellen Farben ausgegangen wird. Empfindungsgemäß ist aber Blau dunkler als Gelb.

12 Goethes Farbenlehre

Altmeister Johann Wolfgang von Goethe bedankt sich am Anfang seines Buches „Zur Farbenlehre", das 1810 erschien: „Der Durchlauchtigsten Herzogin und Frauen Luisen Regierenden Herzogin von Sachsen-Weimar und Eisenach". Sie war die Auftraggeberin für dieses Buch.

Einen großen Teil seines ersten Bandes nimmt die Auseinandersetzung mit Isaac Newton ein. Dieser hatte seine Farbentheorie der Royal Society vorgetragen. Das Buch „Opticks, or A treatise of the reflections, refractions, inflections, and colours of light" erschien 1704.

Newton zeigte an einem Prisma, dass sich weißes Licht in Spektralfarben zerlegen und sich diese wieder zusammensetzen ließen. Dem widersprach Goethe, weil er davon ausging, dass sich Farben nicht zu Weiß mischen lassen. Goethe arbeitete mit Pigmentfarben, die sich subtraktiv mischen. Anhand seiner Versuche schloss Goethe, dass es drei Grundfarben, nämlich Gelb, Rot und Blau gibt (Abbildung 12.1).

> „XLI. Durchwandern des Kreises
> 539. Aus allem diesem scheint so viel hervorzugehen, dass eine gewisse Kluft zwischen Gelb und Blau in der Natur sich findet, welche zwar durch Verschränkung und Vermischung atomistisch gehoben und zum Grünen verknüpft werden kann, dass aber eigentlich die wahre Vermittlung vom Gelben und Blauen nur durch das Rote geschieht."

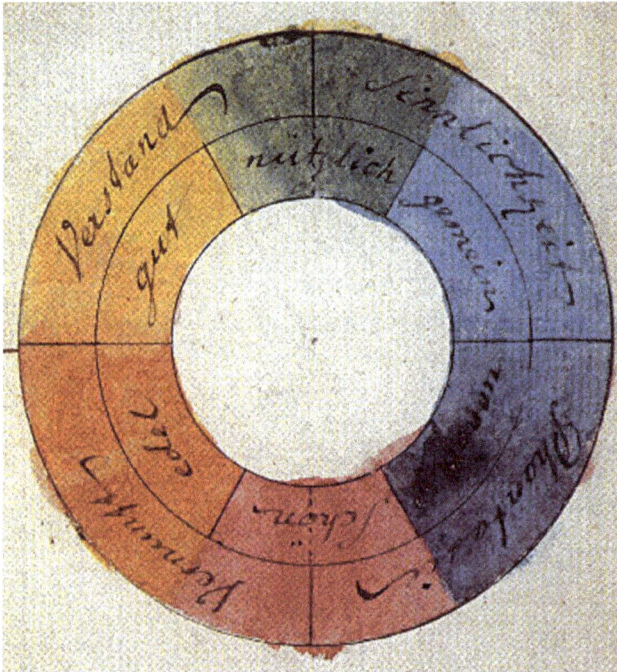

Abb. 12.1: Goethes Farbkreis basiert auf Farbmischungen.

https://doi.org/10.1515/9783110793918-012

„XLIV. Mischung, reale
554. Man nehme im allgemeinen Gelb, Blau und Rot als reine, als Grundfarben, fertig an. Rot und Blau wird Violett, Rot und Gelb Orange, Gelb und Blau Grün hervorbringen."

Was Goethe nicht beachtete und auch nicht beachten konnte, war die Tatsache, dass das Mischen von Pigmentfarben nichts mit unserer Farbempfindung zu tun hat. Außerdem konnte er – aufgrund fehlender Instrumente – nicht wissen, dass Grün in Gelb und Blau schon enthalten ist und dieses übrig bleibt, wenn beide Pigmentfarben gemischt werden. Goethe hatte einen Kreisel mit gelben und blauen Flächen erstellt, der beim Drehen kein Grün, sondern ein Grau zeigte. Da dieses Ergebnis nicht in sein „Konzept" passte, deklarierte er es als „scheinbare Mischung":

„XLV. Mischung, scheinbare
560. Die scheinbare Mischung wird hier um so mehr gleich mit abgehandelt, als sie in manchem Sinne von großer Bedeutung ist und man sogar die von uns als real angegebene Mischung für scheinbar halten könnte. Denn die Elemente, woraus die zusammengesetzte Farbe entsprungen ist, sind nur zu klein, um einzeln gesehen zu werden. Gelbes und blaues Pulver zusammengerieben erscheint dem nackten Auge grün, wenn man durch ein Vergrößerungsglas noch Gelb und Blau voneinander abgesondert bemerken kann. So machen auch gelbe und blaue Streifen in der Entfernung eine grüne Fläche, welches alles auch von der Vermischung der übrigen spezifizierten Farben gilt.
561. Unter dem Apparat wird künftig auch das Schwungrad abgehandelt werden, auf welchem die scheinbare Mischung durch Schnelligkeit hervorgebracht wird. Auf einer Scheibe bringt man verschiedene Farben im Kreise nebeneinander an, dreht dieselben durch die Gewalt des Schwunges mit größter Schnelligkeit herum und kann so, wenn man mehrere Scheiben zubereitet, alle möglichen Mischungen vor Augen stellen, sowie zuletzt durch die Mischung aller Farben zum Grau naturgemäß auf oben gezeigte Weise."

Seine hier beschriebene Idee war und ist richtig, nur hat er die verkehrten Schlüsse gezogen. Goethe stellte in seiner Farbentheorie, die heute noch an Schulen und Universitäten gelehrt wird, die drei Farben Gelb, Rot und Blau als Grundfarben vor. Mit entsprechenden Mischungen sollten alle Farben erzeugt werden können: „Der Farbenkreis ist vor unsern Augen entstanden" (707).

Goethes „scheinbare Mischung" entspricht unserem tatsächlichen Empfinden, wobei er allerdings das Ergebnis nicht seiner Farbenlehre zuordnen konnte. Er versuchte das Ergebnis „passend" zu machen, indem er meinte, „in der Entfernung eine grüne Fläche" erkennen zu können. Tatsächlich mischt das Gehirn die Farbeindrücke vom Auge zu einer neutralen Farbe (Grau).

Goethe stand im regen Austausch mit dem Maler Philipp Otto Runge, der das erste 3-dimensionale Farbsystem, die Runge-Farbkugel entwickelte.

Inspirieren ließen sich Künstler wie Piet Mondrian, Wassily Kandinsky, Johannes Itten, Ernst Ludwig Kirchner von Goethes Farbentheorie. So reduzierte Piet Mondrian seine Bilder auf die drei Grundfarben Gelb, Rot und Blau mit schwarzen Linien (Abbildung 12.2).

Abb. 12.2: Eine Lackgestaltung á la Mondrian mit schwarzen Streifen und roten, gelben und blauen Flächen.

Van Gogh schrieb 1889 an seinen Bruder Theo, dass man „so in jedem der Kontraste der Komplementärfarben Rot und Grün, Blau und Orange, Gelb und Violett, Weiß und Schwarz ein Bild malen [könnte], dass die Stimmung der Jahreszeiten gut ausdrücken würde." Auch seine Darstellung der Farben bezieht sich auf die physikalische Mischung der Farben als Pigmente.

13 Malerei

Mit seiner Malerei transferiert der Künstler seine Ideen und Vorstellungen auf Leinwand, Papier oder einem anderen Malgrund. Zur Ausführung steht ihm heute ein breites Spektrum an Materialien wie beispielsweise Aquarellfarben, Öl- und Acrylfarben, Kohle usw. zur Verfügung. Im Prinzip benutzt man alle Materialien, die einen Farb- und Kontrastunterschied zur Umgebung bieten. Und diese vielen unterschiedlichen Pigmente erfüllen nahezu alle Farbwünsche.

In der Malerei werden unterschiedliche „Effekte" genutzt, um Stimmungen in Kompositionen einzufangen. Dass ein Rosa neben Blau anders erscheint als neben einem Gelb oder Grün, war auch für Vincent van Gogh ein Thema.

Die meisten Maler glaubten, dass das Mischen von Farben unser Farbempfinden widerspiegelt. Hieraus leiteten sie auch Aussagen über Kontraste ab. Dass sie Gelb und Violett (Pigmente) zu Grau mischen konnten, veranlasste sie zur Feststellung, dass diese Farben (Pigmente) einen Komplementärkontrast bilden. Das graue Ergebnis ist aber nur das Ergebnis des physikalischen Mischens und entspricht nicht unserem Farbempfinden!

Viele Maler schildern ihre Begeisterung, wenn sie im Süden ein „neues" Licht erblicken und in ihrer Malerei andere Akzente setzen. Dieses „neue" Licht erklärt sich durch den wesentlich höheren und steileren Sonnenstand, je geringer die Entfernung des Standorts zum Äquator ist. Aufgrund des kürzeren Weges durch die Atmosphäre streuen verstärkt die blauen, also kürzerwelligen Lichtstrahlen: Der Himmel strahlt! Es lässt sich auch anhand von Effektfarben zeigen, dass wir am Äquator andere Farben als im Norden sehen!

13.1 Höhlen- und Felsmalerei

Eine Vielzahl von Höhlen- und Felsmalereien findet man über die ganze Welt verteilt. Schon früh haben Menschen ihre Ideen und Abbildungen aus ihrer Umgebung malerisch festgehalten. Die Zeitspanne wird auf 50000–10000 v. Chr. eingeordnet.

Sie benutzten für die Zeichnungen und Malereien „Malstifte" aus ihrer Umgebung. Dabei handelt es sich hauptsächlich um Ockersteine oder Holzkohle. Ockersteine gab es damals in verschiedenen Farben als Gelb-, Braun-, Grün- und Rotocker. Allerdings lagen die Fundstellen der Ockersteine so weit auseinander, dass ein Austausch nicht möglich war und die frühzeitlichen Menschen mit dem Angebot aus ihrer Umgebung vorliebnehmen mussten.

Bekannte Beispiele sind die Höhlen von Lascaux in Frankreich mit den bunten Tierbildern, von Altamira ebenfalls mit Tierbildern, die Cueva el Castillo mit Abdrücken menschlicher Hände und die Huashan-Felsmalereien am Zuojing-Fluss in China. Vermutlich wurden neben Ritz- und Maltechniken auch Spritztechniken eingesetzt. Dabei wurde ein Ockerpigment mit Wasser gemischt und mit dem Mund oder mit

https://doi.org/10.1515/9783110793918-013

einem hohlen Beinknochen auf die Hände versprüht. Bei Frauen ist der Ringfinger meistens kürzer als der Zeigefinger. Deswegen sind die Handabrücke auf den Wänden vermutlich von Frauen.

13.2 Malerei im Altertum

Bekannt ist die Malerei des Altertums als Freskenmalerei: Bei der Fresko-Malerei (fresko = frisch) werde Pigmente, die zuvor beispielsweise in Wasser „eingelegt" wurden, auf den frischen Kalkputz aufgetragen. In der Regel wurden zunächst mehrere Schichten mit verschiedenen Körnungen des Kalkputzes aufgetragen. In die feuchte oberste Schicht wurden dann die Pigmente eingearbeitet.

War der Kalkputz eingetrocknet, musste der gesamte Putz entfernt werden. Alternativ konnte die Secco-Technik (secco = trocken) angewendet werden. Hier finden meistens Emulsionen von Pigmenten in Leim und Kasein Verwendung. Allerdings ist diese Technik wegen ungenügender Bindung mit dem Untergrund nicht so haltbar wie die Freskenmalerei.

Malerei stand im alten Ägypten hoch im Kurs. Erwähnenswert ist die Herstellung von Ägyptischblau beispielsweise aus Quarzsand (Sliziumdioxid), Kalk und Kupfer. Andere Pigmente waren in Ägypten auch bekannt, wie der „Malkasten" einer Apothekerstochter zeigt (Abbildung 13.1).

Abb. 13.1: Malstab einer Apothekerstocher aus Ägypten etwa 3000 Jahre alt zusehen im Museum in Cleveland, USA.

13.3 Malerei im Mittelalter

In seinem „Passional" am Ende des „Bethbüchleins" (Bibel für Kinder und Erwachsene, die kein Latein verstanden) schreibt Martin Luther 1529, dass er die Bilderbibel erstellt habe, „allermeist umb der kinder und einfeltigen willen, welche durch bildnis und gleichnis besser bewegt werden, die Göttlichen geschicht zu behalten, denn durch bloße wort odder lehre, wie Sant Marcus bezeugt/das auch Christus umb der einfeltigen willen eitel gleichnis für yhn prediget habe."

Die meisten Menschen im Mittelalter konnten weder schreiben noch lesen. Bilder halfen ihnen, die Welt zu verstehen. Und über die Farben wurden die einzelnen Personen, Objekte und andere Gegenstände „bewertet". Die Welt um die Menschen herum war nicht so bunt, wie es die Bilder vermuten lassen. Viele Erdfarben dominierten die Umgebung, die nur durch die Farben der Pflanzen und Tiere „aufgehübscht" wurde. Insofern spiegelten sakrale Bilder einen Hauch von Paradies wider.

Farben zum Malen (Pigmente) gab es im Mittelalter in verschiedener Form. Die meisten Pigmente wurden natürlich abgebaut und teilweise nachbehandelt. Ockerfarbene Pigmente enthalten oft Zusatzstoffe, die ihre Farbe beeinflussen. Durch Nachbehandeln wie Brennen wird aus dem Gelbocker ein Rotocker. Neben dem natürlich vorkommenden Gelbocker findet man auch den Braunocker.

Umbra ist ebenfalls ein natürlich vorkommendes Pigment. Auch dieses kann gebrannt werden und wechselt seine Farbe von Braun zu Rot. Das gleiche gilt für das Pigment Siena oder Terra di Siena: Durch Brennen wird das gelbbraune Pigment zu einem rotbraunen.

Bei allen Pigmenten führen zusätzliche Bestandteile (z. B. Eisenoxid) zu interessanten Farbnuancen, die in der Malerei auch für Effekte (Schatten) ihren Einsatz fanden.

Ein bedeutendes Pigment des Mittelalters war das Ultramarinblau (ultra marinus = jenseits des Meeres). Feingemahlen wurde das Lapislazuli mit Öl, Sand und Harzen vermischt. Alles kam in ein Leinensäckchen, welches unter Wasser geknetet wurde, um ungewünschte Bestandteile zu separieren. Dieses Verfahren war entsprechend teuer und kam preislich dem Gold nahe. Anfang des 19. Jahrhunderts gelang die künstliche Herstellung dieses Pigments, welches beispielsweise auch in grünen und roten Varianten angeboten wird. Entsprechende Verträge zwischen Auftraggebern und Künstlern zeigen den Wert dieses Pigments; erst Mitte des 16. Jahrhunderts war mehr die Malkunst („der Pinsel") gefragt und wurde entsprechend honoriert.

Ein „kurioses" Pigment fand im Mittelalter seinen Weg in die Malkunst. Gemeint ist „Mumia", welches aus zermahlenden Mumien hergestellt wurde (Abbildung 13.2). Dieses Pigment eignete sich insbesondere zum Malen von Schatten. Erst 1963 verlautbarte die Pressemitteilung eines englischen Herstellers von Künstlerfarben, dass ihm nicht genug Mumienteile zur Verfügung ständen, um die Produktion von „Mumia" weiterzuführen!

13.4 Moderne Malerei

Gleich zu Beginn des 18. Jahrhunderts entdeckte Johann Jacob Diesbach das Berliner Blau, was als anorganisches Pigment von ihm synthetisch hergestellt wurde. Viele Maler nutzten es schon frühzeitig als Ersatz für das teure Lapislazuli. Bekannt ist es auch

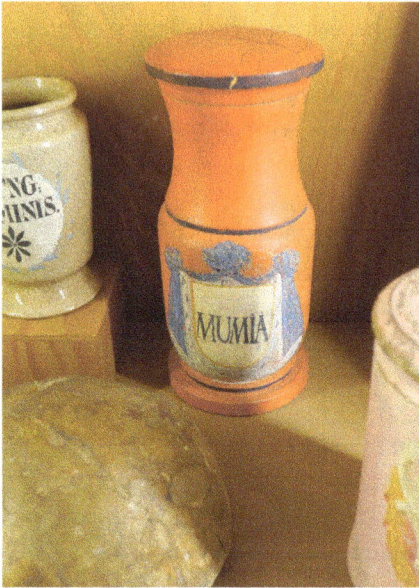

Abb. 13.2: Pulver aus zermahlenen Mumien. Foto: W. Oppermann.

als Preußisch Blau oder Tintenblau. Ähnliche Blautöne sind das Turnerblau oder Miloriblau.

Anfang des 19. Jahrhunderts gelang die erste Synthese von Ultramarinblau. Carl Leverkus – nach ihm ist die Stadt Leverkusen benannt – produzierte ab 1834 erstmalig in Deutschland synthetisches Ultramarin. Zusammen mit Johannes Zeltner aus Nürnberg gründete er die „Vereinigte Ultramarinfabriken ehemals Leverkus, Zeltner und Consorten". Zeltner erhielt 1877 das erste Patent des Kaiserlichen Patentamts für ein „Verfahren zur Herstellung einer rothen Ultramarinfarbe". Dieses anorganische Pigment findet heute auch Anwendung in der Malerei (Abbildung 13.3).

Mitte des 19. Jahrhunderts gelang dem englischen Chemiker William Henry Perkin die Synthese eines organischen Farbstoffs, dem Mauvein. Mit dieser Entdeckung legte er den Grundstock für die Farbchemie, die Ausgangspunkt für namhafte Chemiekonzerne wurde. Heute umfasst das Angebot der Pigmenthersteller viele Farben, die eine große Palette abbilden. Nicht 70 Farben, wie Van Gogh an seinen Bruder schrieb, die er nun mischen könne, sondern zigtausende Farben lassen sich mit den modernen Pigmenten mischen. Im Vergleich zu den ersten synthetischen Pigmenten zeichnen sich die heutigen durch eine hohe Buntheit und Helligkeit aus.

Zwei Pigmente sind erwähnenswert, die unser Leben wesentlich geprägt haben:

Titandioxid, ein weißes Pigment, wurde im 18. Jahrhundert von Martin Heinrich Klapproth entdeckt. Erst Anfang des 20. Jahrhunderts begann die kommerzielle Herstellung; die großtechnische Herstellung setzte Anfang der 1930er Jahre ein. Im Gegensatz zu den bisher bekannten Weißpigmenten konnte Titandioxid unproblematisch in

Vereinigte Ultramarinfabriken A.-G.

vorm. Leverkus, Zeltner & Consorten

Köln am Rhein

U L T R A M A R I N

blau UB 1

blau UB 8

grün UG 14

blau UB 2

blau UB 9

grün UG 15

blau UB 3

blau UB 10

violett UV 16

blau UB 4

blau UB 11

violett UV 17

blau UB 5

blau UB 12

rot UR 18

blau UB 6

Pfaublau UB 13

Chromoxydgrün
COG 19

blau UB 7

Chromoxydhydratgrün
COH 20

Bei Anfragen bitte Verwendungszweck angeben!

Abb. 13.3: Ultramarin-Farbkarte aus „Das Buch der Farben" 1956 von Erich Stock.

Mischungen mit Buntpigmenten zum Aufhellen eingesetzt werden. Heute zählt Titandioxid zu den wichtigsten Pigmenten im Alltagsleben.

Beim zweiten wichtigen Pigment handelt es sich um das schon erwähnte Phthalocyaninblau, einem farbechten Blaupigment. Es besteht chemisch aus einer Komplexverbindung von Kupfer und Phthalocyanin. Es ist ähnlich dem Hämoglobin mit Eisen anstelle von Kupfer und ähnlich dem Chlorophyll mit Magnesium anstelle von Kupfer. Adlige von „blauem Blut" haben allerdings kein Phthalocyaninblau in ihrem Blut! Aufgrund ihrer vornehmen Blässe scheinen deren Adern blau durch ihre weiße Haut.

Ein Blick auch auf die Farbenliste der Hersteller von Künstlerfarben zeigt eine große Vielfalt. Auch werden die Farbpigmente in verschiedenen Bindemitteln angeboten, beispielsweise in Öl, Acryl, Gouache, Aquarell etc.

Die Wahl der Farben hat der Künstler: er trifft diese nach seinem Geschmack, seiner Intuition und seiner Vorliebe – bewusst und unbewusst. Wenn er etwas ausdrücken, beschreiben und auch bewerten will, nimmt er bestimmte Farben und Farbkompositionen für die Umsetzung.

Ein Maler will das, was er in der Umgebung sieht oder er sich vorstellt – beispielsweise ein Portrait oder eine Landschaft, mit Farben beschreiben. Auch hierbei handelt es sich um eine Übersetzung der realen Farben in eine Farbkomposition.

14 Lila macht kleine Füsse

Die bisherigen Ausführungen beschäftigten sich mit den physikalischen Gegebenheiten vor unserem Auge und den physiologischen Auswertungen der Lichtstrahlen im Auge und Gehirn.

Diese Vorgänge sind Gegenstand naturwissenschaftlicher Forschung. Obwohl sich dabei oft spannende Aspekte bieten, sind sie ziemlich nüchtern. Neben den physiologischen Vorgängen im Gehirn – also der Übersetzung und Auswertung der Lichtstrahlen – gibt es noch psychologische Aspekte, die mit dieser Übersetzung gekoppelt sind. Gemeint sind nicht die Wahrnehmungseffekte, die meistens auf biochemischen Prozessen in der Netzhaut beruhen. Vielmehr handelt es sich um Aspekte, bei denen eine oder mehrere Farben etwas bewirken. Das können auch Aspekte aus dem Zusammenspiel verschiedener Sinne sein: Weil wir wissen, dass Tomatenketchup rot ist, würden wir grünes Tomatenketchup ablehnen. Tatsächlich wird grünes Tomatenketchup aus Apfelmus hergestellt, das mit Tomaten-Geschmacksstoff versehen und mit blauem Phthalocyanin-Farbstoff grün gefärbt ist. Dieses grüne Ketchup schmeckt wie rotes Ketchup, sieht aber grün aus. Hier gibt es also eine Diskrepanz zwischen der Optik und dem Geschmack.

14.1 Farben sind Geschmacksache

Farben sind das Ergebnis von physiologischen Prozessen im Gehirn, bei denen Lichtstrahlen umgewandelt werden. Allerdings werden diese prinzipiell eindeutigen Prozesse beeinflusst durch Empfindungen, Emotionen und Gefühle. Daraus ergeben sich Farbassoziationen, die einerseits individuell sein können und andererseits allgemein Zustimmung finden. Farben können uns auch in jeder Hinsicht beeinflussen oder sogar manipulieren. Das trifft vor allen Dingen auch auf Kaufentscheidungen zu, bei denen Farben eine große Rolle spielen. Einerseits kann hier eine Botschaft mit einem Produkt oder einer Marke verbunden werden, beispielsweise die Farbe Grün, die mit „Natur" und „natürlich" assoziiert wird. Andererseits kann eine wiederkehrende Farbe eines Produkts zu diesem eine stärkere Bindung aufbauen.

Farben sind Geschmackssache, also bezüglich ihrer Wirkung individuell. Das schützt manchmal auch in Situationen, denen man glaubt, schwer zu entkommen. Will man beim Kauf eines Gebrauchtautos aus den Verhandlungen „unbeschadet" herauskommen, hilft der Hinweis, dass die Farbe des Autos nicht gefällt! Bei Neufahrzeugen ist man allerdings vom Farbangebot der Autohersteller abhängig. Es werden zwar individuelle Farben angeboten, meistens aber mit einem „saftigen" Aufpreis.

https://doi.org/10.1515/9783110793918-014

14.2 Farben als Symbole

Farben bedeuten uns etwas. Wir verbinden Farben mit etwas Erlebten, mit etwas tief in uns Verwurzeltem, mit Kulturellem, mit persönlichen Vorlieben und mit gesellschaftlichen Vereinbarungen, um einige Punkte zu nennen.

Wir können entweder passiv auf Farben reagieren oder aktiv Farben einsetzen, um etwas zu signalisieren oder auszudrücken. Beide Ebenen lassen sich auf die gleiche Basis zurückführen. Was steckt hinter der Farbwahl, der Farbbeurteilung und der Farbbeobachtung? Was löst diese Reaktionen aus, wodurch werden sie gesteuert? Wichtig auch: Wie kann man Stereotypen vermeiden? Sätze wie „Das weiß man doch!" zeugen von einer mangelhaften und desinteressierten Auseinandersetzung mit diesem Thema. Sicher „weiß man" einiges, es wäre aber schön zu wissen, warum man es weiß. Beruht es auf Erfahrungen, Überlieferungen, kulturellen Einflüssen oder mehr?

Die Signaturenlehre verbindet Ähnlichkeiten von Phänomenen und Ereignissen in der Natur miteinander. Dabei werden Zusammenhänge auch von Form und Farbe erstellt, um „die Welt zu erklären". Farbanalogien beispielsweise zwischen dem roten Saft der Blutwurz, einer gelbblütigen Pflanze, und dem roten Blut erklären deren angebliche blutstillenden Eigenschaften. Die Denkweise in Analogien findet man insbesondere auch bei den Alchemisten: Wenn man dem silbrigen Quecksilber (queck = schnell) seine Beweglichkeit nimmt, würde man Silber erhalten. Schließlich haben beide Substanzen die gleiche Farbe. Und gelbe Kupferverbindungen haben die gleiche Farbe wie Gold, nur müssen sie noch dessen glänzend-metallische Eigenschaften erhalten. Solche Farbanalogien findet man auch heute in vielen Bereich des Lebens, ohne dass Zusammenhänge begründet werden können – außer, dass eine Übereinstimmung der Farben existiert.

Die Farbsymbolik beschränkt sich nicht auf einzelne Farben; auch Farbkombinationen haben ihre Bedeutung: Ampelfarben, also Rot – Gelb – Grün werden nicht nur im Straßenverkehr eingesetzt. Sie „sprechen" eine einfache, für jedermann verständliche Sprache. Zu Beginn der Einführung dieser Farbkombination bei den Verkehrsampeln kannten viele Verkehrsteilnehmer deren Bedeutung nicht. Insofern ist diese Farbkombination nicht in uns eingebaut, ihre Symbolik haben wir erlernt.

Dass es auch andere, einfache Farbkombinationen gibt, zeigte der holländische Maler Piet Mondrian. Er reduzierte die Farben auf Gelb, Rot und Blau, also auf drei Grundfarben. Dass er Grün nicht hinzufügte, lag sicherlich daran, dass er mit seinen absorbierenden Künstlerfarben (Pigmenten) diese Farbe mischen konnte. Vom Standpunkt der Wahrnehmung liegen diese drei Grundfarben unterschiedlich weit auseinander – wie Goethe es auch schon beschrieben hat: Der Abstand zwischen Gelb und Blau ist empfindungsgemäß größer als der zwischen Rot und Blau. Das liegt daran, dass es rötliche Blautöne und bläuliche Rottöne gibt, während es kein gelbliches Blau und kein bläuliches Gelb gibt. Dadurch stehen Gelb und Blau weiter auseinander.

Auch das Wunschdenken spielt eine große Rolle bei der Wahrnehmung von Farben. Und das betrifft nicht nur die aktuelle Wahrnehmung, sondern auch die Erinnerung an Farben. Wenn man sich an Farben erinnert, werden diese in der Regel angenehmer, wärmer und schöner gesehen. Wie schon dargestellt, können wir keine Farbe „parken". Wird dann eine Farbe, mit der wir in der Vergangenheit zu tun hatten, emotional aufgewertet, so verschiebt sich die Wahrnehmung. Eine objektive Beschreibung ist dann nicht mehr möglich, vor allen Dingen nicht verbal!

Da es sich bei der Farbwahrnehmung, der Farbbeschreibung und Farbsymbolik, grob betrachtet, um eine Gemengelage von vielen Aspekten handelt, ist eine genaue Analyse der Farbwirkung und -symbolik schwierig. Muss denn diese Analyse so genau sein? Das ist die Frage, die sich hier sofort stellt. Ein entscheidender Aspekt kommt hier ins Spiel: Die persönliche und individuelle Empfindung. Andererseits gibt es gemeinsame Reaktionen auf Farben, so dass die Individualität nicht übertrieben dargestellt werden sollte. Und jeder hat seine Empfindung, die er als individuell betrachtet.

Die Reaktionen auf Farben sind immer ambivalent, teilweise sogar mehrdeutig. So wird Rot nicht nur als Farbe der Liebe gesehen, sondern auch als aggressive Farbe.

Es ist nicht leicht herauszufinden, welche Symbolik, welche Emotionen und welche Eigenschaften einer Farbe zugeordnet werden. Legt man Testpersonen Farbmuster vor, fallen ihnen mit Sicherheit Stereotypen ein. Beispielsweise die Begriffe „Natur" oder „natürlich" würden immer mit dem vorgelegten Grünmuster verbunden werden. Die Frage, die sich hier sofort stellt, lautet: Welches Grün wird wirklich mit den genannten Begriffen in Verbindung gesetzt? Und ist es das Grün, wenn nur *ein* Grün vorgelegt wird?

Will man „ehrliche" Antworten von Testpersonen und nicht nur Stereotypen erhalten, so muss die angebotene und vorgelegte Farbpalette einerseits „undurchsichtig", andererseits leicht verständlich sein. Um glaubhafte Aussagen zu erzielen, werden die Farben „versteckt". Hierbei werden Nuancen einer Farbe erstellt, die andere Farben darstellen. Dabei wird sozusagen ein Filter über Farben gelegt, und die Testpersonen können nicht mehr den eigentlichen Zweck der Farbzuordnung erkennen: Legt man beispielsweise einen Rotfilter über eine Farbpalette von Gelb über Rot nach Blau, so wird diese farblich zu Orangerot, Rot und Rotviolett verschoben.

14.3 Die Qual der Farbwahl

Unsere heutige, teilweise sehr künstliche Welt ist voller Farben, die uns täglich umgeben. Diese Farbenvielfalt gibt es erst, seitdem anorganische und organische Pigmente synthetisch hergestellt werden können. Davor war die Welt wesentlich farbärmer, und meistens waren Farben (Farbstoffe und Pigmente) mit bestimmten Privilegien verbunden. So war die Farbwahl im Mittelalter beeinflusst durch den Wert des Farbstoffes oder des Pigments: Kardinalspurpur war eine typische Farbe aus dem Sekret der Purpurschnecke für die Kardinalskleidung. Das Rot der Schildlaus war den rangniedrigeren Bischöfen vorbehalten. Und in der Malerei war das Ultramarinblau, welches aufwendig aus Lapislazuli gewonnen wurde, das teuerste Malpigment. Erst als die

Malkunst („der Pinsel") in den Vordergrund rückte, wurde der Wert eines Gemäldes nicht mehr nach dem Wert der Pigmente bemessen.

Steht man vor der Wahl einer Farbe oder soll „Farbe bekennen" (to show one's true colors), so können sich hierbei bestimmte Vorlieben oder sogar Charaktereigenschaften zeigen. Der Farbgeschmack hat sich immer wieder geändert, wobei es meistens nicht am Kunden lag, sondern an den Angeboten der Hersteller der Produkte. Der Kunde hatte eher eine geringe Farbauswahl. Trotzdem ist es interessant, sich die verschiedenen Farbangebote und -paletten der vergangenen Jahre in der Mode, in Einrichtungen, im Design und allgemein in unserer Umgebung vor Augen zu führen. Dann erkennt man die unterschiedlichen Farbströmungen der jeweiligen Jahrzehnte, wobei die nachträgliche Bewertung durchaus unterschiedlich sein kann.

Während die bisherigen Beschreibungen den passiven Aspekt des Umgangs mit Farben beleuchten – also der Frage nachgehen, wie wir auf Farben reagieren –, soll nun auf die aktiven Möglichkeiten eingegangen werden. Seit der synthetischen Herstellung unterschiedlicher Farbpigmente stehen den Malern viele Farben zur Verfügung. Van Gogh schrieb in einem Brief an seinen Bruder, in dem er sich für das zugeschickte Geld bedankt, dass er sich davon neue Pigmente kaufen konnte und dass er nun in der Lage sei, „70 verschiedene Farben" einzusetzen. Piet Mondrian bevorzugte die Reduzierung auf die drei Farben Gelb, Rot und Blau in Kombination mit schwarzen Linien, während Zeitgenossen von ihm schon in Farben schwelgten.

Bei der Vielzahl der Farben stellt sich immer wieder die Frage, warum ein Künstler welche Farben wählt. Genauso wie Farben Emotionen und Gefühle erzeugen, funktioniert dieses Wechselspiel auch in umgekehrter Richtung, d. h. der Maler drückt in der Farb- und Formenwahl seine Emotionen und Gefühle aus. So lässt sich von den Farben eines Bildes auf den Charakter des Künstlers schließen (Psychogramm). Bunte und kräftige Farben lassen eher einen offenen, extrovertierten Charakter vermuten, während dunkle und gebrochene Farben mehr den introvertierten Typ widerspiegeln. Natürlich ändern sich in verschiedenen Schaffensperioden eines Künstlers seine Einstellungen zu Farben, es können auch andere Farbkompositionen gewählt werden, aber grundsätzlich bleibt der Farbcharakter erhalten.

Die Wirkung von Farben und damit der Zusammenhang zwischen Eigenschaften und Farben kann von verschiedenen Faktoren abhängen. Neben kulturellen Besonderheiten gibt es „allgemeingültige" Vorstellungen. So wird Grün oft mit „Hoffnung" oder Blau mit „Kühle" verbunden, weswegen es sich als Farbe fürs Schlafzimmer eignen soll (aber wer will schon nachts frieren!?). Solche Aussagen sind sehr oberflächlich. Und weil man sich Eigenschaften passend zu einer Farbe gut vorstellen kann, werden sie allgemeingültig. Man kann hieraus eine eigene Welt aufbauen, in der Farben besondere Bedeutungen bekommen und entsprechende Wirkungen angedichtet werden.

Die Pflanzen und Bäume in der Umgebung sind grün, weshalb ihre Farbe von unserer Empfindung eher in der Mitte liegt, genauso wie Rot, das die Reife der Früchte signalisiert. Blau, die Farbe des Wassers und der Seen, steht für die Kühle und auch Schwere, wobei die dunkle Erde in Braun als noch schwerer empfunden wird.

Grün empfinden wir auf der nördlichen Erdhalbkugel als Farbe der Hoffnung, weil es im Frühjahr den neuen Zyklus des Lebens symbolisiert. Im Lauf der Jahreszeiten ändert sich aber dieses Grün, weshalb eine allgemeine Aussage nur bedingt gültig ist. Allgemein werden Farben und ihre Bedeutung ambivalent gesehen: So kann das aktive Rot die Farbe der Liebe, aber auch der Aggression sein. Aus diesem Grund müssen Aussagen über die Wirkung von Farben von verschiedenen Seiten beleuchtet werden.

Würde man Farben/Pigmente nach empfindungsgemäßen Vorstellungen ordnen, wie das der amerikanische Maler Henri Munsell und der deutsche Chemiker Wilhelm Ostwald taten, so würde man Gelb wesentlich weiter vom Nullpunkt (= Weiß/Schwarz) entfernt anordnen als beispielsweise Blau, d. h. wir würden ein Gelb immer als intensiver, heller und leichter empfinden als ein Blau.

Die Wirkung von Farben ist auch vom Licht abhängig: Im Süden Europas, wo die Sonne höher steht und der Blauanteil größer ist, erscheinen alle Farben wohltuender als im Norden, wo meistens ein grauer Himmel die Stimmung drückt. Der Sommerstrand auf Mallorca animiert mehr zu farbiger Kleidung als der Winterstrand an der Nordsee.

14.4 Farbe für Farbe

Die Wirkung von Farben und damit auch ihre Beurteilung ist tief in uns verankert und wird andauernd mit Abgespeichertem verglichen. Wir reagieren bewusst und unbewusst auf Farben, sowohl auf einzelne Farben als auch auf Farben in Kombinationen.

14.4.1 Gelb

Will man sich der psychologischen Wirkungen von Farben ernsthaft nähern, so beginnt man bei unseren ursächlichen Seherfahrungen. Die Vorgänger des Menschen lebten vor Millionen von Jahren, der moderne Mensch ist etwa 10000 Jahre alt. In dieser Zeit hat der Mensch hauptsächlich in der Natur gelebt und diese auch entsprechend erlebt. Die helle Sonne ging morgens rötlich auf und wurde bis zum Mittag immer gelber. Abends ging sie dann rötlich unter. Dieser Vorgang spielt sich seit etwa 4,5 Mrd. Jahren ab und wird sich genauso lang noch tagtäglich wiederholen. Dadurch, dass die Sonne am höchsten Punkt sehr hell scheint, ist Gelb für uns – und für unsere Vorfahren – empfindungsgemäß die hellste Farbe nach Weiß.

Das spiegelt sich auch in der gemessenen Reflexionskurve von Gelb wider: Auffällig ist der große Spektralbereich, in dem eine gelbe Farbe reflektiert. Es fehlt ein kleiner Bereich im Spektrum, um vom Gelb zum Weiß zu kommen.

Gelb empfinden wir als helle und optimistische Farbe. Es ist eine typische Sommerfarbe und steht für die Freude über die warme Jahreszeit. Allerdings kommt es auf die Nuance an: Ein rötliches Gelb empfinden wir als wärmer als ein grünliches Gelb.

Gelb ist nicht nur eine warme Farbe, sondern auch eine offene, mit der Extrovertiertheit assoziiert wird. Männer mit gelben Hosen ziehen – gewollt oder nicht gewollt – Aufmerksamkeit auf sich. Als Hemd sind knallige Gelbtöne gewagt, weswegen meistens blassgelbe Hemden bevorzugt werden. Frauen, die farbbewusster als Männer sind, wagen da schon mehr. Aber auch sie bevorzugen Gelbtöne, die bezüglich ihrer Intensität etwas abgeschwächt sind.

Mit Gelb werden auch negative Eigenschaften wie Eifersucht, Geiz, Neid, Missmut und Verlogenheit verbunden.

Gelb kann rötlich oder grünlich sein.

14.4.2 Orange

Orange ist im Farbkreis die nächste Farbe zu Gelb und ist ebenfalls eine sehr warme Farbe. Im Gegensatz zur sauren, gelben Zitrone spiegelt sie die Süße einer Orange wider. Orange tritt häufig als Mischfarbe auf: Beispielsweise sind orangefarbene Paprika aus gelben und roten gezüchtet worden, was sich anhand der Farbmessung feststellen lässt. Diese Farbe findet man auch eher bei exotischen Lebensmitteln.

Für orangefarbene Kleidung gilt das Gleiche wie für gelbe Kleidung: Auffällig, sehr warm und optimistisch extrovertiert. Allerdings wird auch diese Farbe eher von Frauen getragen – als Kleid oder Bluse.

Orange empfinden viele Personen als aufdringlich und billig einerseits, andererseits auch als gesellig und lustig.

Orange kann rötlich oder gelblich sein.

14.4.3 Rot

Rot gehört zu den gefährlichsten Farben – im positiven wie im negativen Sinn. Zunächst einmal war das Erkennen von roten Früchten im Zustand ihrer Reife wertvoll fürs Überleben. Andererseits signalisiert das rote Blut aber auch eine Gefahr. Auch hier zeigt sich die Ambivalenz einer Farbe.

Rote Backen sollen einen guten Gesundheitszustand signalisieren. Das gilt auch für rote Lippen. In einigen Kulturen hat man sich die Lippen blutig gebissen, um den gesunden Zustand zu demonstrieren. Heute benutzt man Lippenstift, um diesen Zustand zu „malen". Gleichzeitig ziehen rote Lippen auch an. Frauen steht bei Lippenstiften eine große Palette an Rottönen zur Verfügung. Je nach Geschmack und Vorstellung können sie aus mehr oder weniger intensiven Rottönen sowie aus einem orange- bis pinkfarbenen Spektrum wählen.

Rot wird oft für Kleidungsstücke gewählt. Allerdings bestimmt die Pigment- und Farbstoffindustrie, was modisch ist. Auch hier halten sich Männer eher zurück: Rote Hosen tragen vornehmlich ältere Männer, was sicherlich ein Zeichen einer noch vorhandenen Lebensfreude ist. Frauen tragen eher im Sommer rote Kleider oder rote Blusen. Auch sie werden durch die Jahreszeit animiert.

Rot ist sehr ambivalent in seiner Wirkung auf Menschen. Es ist aggressiv, aktiv und voller Energie, damit auch gefährlich und laut zugleich. Es ist voller Hitze, Liebe und Leidenschaft. Außerdem signalisiert Rot eine gewisse Nähe.

Rot kann bläulich oder gelblich sein.

14.4.4 Lila

Lila ist eine ungewöhnliche Farbe: Sie erstreckt sich von einer blassen bis zu einer intensiven Variante. Bei der Beschreibung des Auges wurde Flackern erwähnt, das bei Kompositionen mit unterschiedlichen Farben wie Blau und Rot eintritt. Die Mischung beider Farben wird durch die „Unruhe" des Auges interessant. In der Regel wird eine schwach intensive Variante von Lila als Kleidung gewählt. Babyhaft und weiblich soll es aussehen. Tragen Frauen Schuhe in Lila, lenken sie die Aufmerksamkeit dorthin. Kleine Füße werden dadurch betont und wirken noch kleiner.

Wird der Rotanteil größer, verändert sich die Farbe in Richtung Rosa. Auch diese Farbe hat etwas Kindliches, teilweise auch Naives an sich. Auch ältere Männer wählen manchmal Rosa als Hemdenfarbe, um nicht immer weiße Hemden tragen zu müssen. Frauen können Rosa mit allen anderen Farben tragen. Der Kontrast wird größer, wenn es mit dunklen Farben kombiniert wird. Je blasser diese Farbe ist – das gilt für alle blassen Farben, gleich welcher Farbrichtung –, desto besser lässt sie sich mit anderen Farben zusammenstellen.

Lila in der Variante von Hellrosa zeigt Charme verbunden mit Empfindsamkeit. Es ist aber auch die Farbe des Zarten, des Weiblichen und des Kleinen ("*Lila macht kleine Füße!*").

Lila kann bläulich oder rötlich sein.

14.4.5 Blau

Nahezu gegensätzlich zu Gelb stellt sich Blau dar. Erstens ist es die empfindungsgemäße Komplementärfarbe zu Gelb, zweitens wirkt es deutlich kühler als Gelb. Da Blau in Richtung Rot oder in Richtung Grün tendieren kann, wirkt es wärmer (= röter) oder kälter (= grüner).

Blaue Buntpigmente zeigen wie grüne ein markantes Reflexionsmaximum im Spektralbereich. Gelbe, orangefarbene und rote Buntpigmente zeigen dagegen – wie schon beschrieben – ein Reflexionsplateau.

Blau verbinden wir auch deshalb mit Kälte und Kühle, weil wir es mit Wasser, Seen und Meer verbinden. In der Natur kommt Blau selten in Gesteinsform vor. Ausnahmen sind der Edelstein Lapislazuli, manche Glasschmelzen vulkanischen Ursprungs sowie Gesteine mit Kobalt- oder Eisenanteilen. Lebensmittel in Blau gibt es so gut wie gar nicht. Selbst die Blaubeeren sind nur dem Namen nach blau. Bei blauen Lebensmitteln würde sich sicherlich unser Schluckapparat sträuben. Das Gleiche gilt auch für Arzneimittel, lediglich hellblau gefärbte Schlaftabletten können wir herunterschlucken.

Blaue Kleidung wird gern getragen. Sie ist nicht so auffällig wie gelbe oder rote. Ist das Blau ziemlich dunkel, so kann es mit vielen anderen Farben kombiniert werden. Ein Dunkelblau empfinden wir als eleganter als ein Knallrot! Das gilt für Frauenkleidung genauso wie für Männerkleidung.

Die Farbe Blau war als Kleidungsfarbe immer begehrt, was sicherlich auch mit der Verfügbarkeit zu tun hatte: Die gelbblühende Pflanze Waid wurde zusammen mit Wasser und Kleidungsstücken in große Bottiche gefüllt. Die Färber stampften mit ihren Füssen die Textilien im Sud, um sie durchzuwalken. Danach wurden die Kleidungsstücke zum Trocknen in die Sonne gelegt, wo der Oxidationsprozess dafür sorgte, dass sich der gelbe Farbstoff in Blau umwandelte. Hatten die Färber vorher Alkohol getrunken und ihrem Harndrang im Bottich nachgegeben, so wurde das Blau intensiver. Wenn die Färber anschließend neben den Kleidungsstücken in der Sonne schliefen, "machten sie Blau" und "waren Blau".

Das Interesse an diesem natürlichen Verfahren zur Blaufärbung verringerte sich stark, als der blaue Farbstoff Indigo als organisches Pigment hergestellt wurde. Es war Adolf von Baeyer, der Mitte des 19. Jahrhunderts einen Syntheseweg fand. Für seine grundlegenden Arbeiten zur Farbstoffchemie und dem Zusammenhang zwischen Farbe und Molekülstruktur erhielt er 1905 den Nobelpreis für Chemie. Heute wird das synthetische Indigo für die Herstellung von Jeans benutzt.

Blau gilt als männlich und fern. Seine Kühle ist erfrischend, es kann auch Frische und Treue ausstrahlen.

Blau kann rötlich oder grünlich sein.

14.4.6 Türkis

Türkis ist eine spezielle Farbe: Manche halten sie eher für ein verkapptes Grün, andere denken bei Türkis an Blau. So ging es vor Jahren dem Autohersteller Opel, der in der KBA-Statistik ein Türkis zunächst als Blau gemeldet hatte. Nachdem immer mehr Kunden dieses Türkis als Grün bezeichneten, wurde es in der Statistik entsprechend geändert.

Türkis wird von den meisten Menschen als kalte Farbe empfunden. Sie steht im Farbkreis dem Orange gegenüber, welches als wärmste Farbe gilt.

In der Kleidung lässt sich Türkis gut mit anderen Farben kombinieren, allerdings weniger mit benachbarten Grün- und Blaufarben als mit Farben, die im Farbkreis entfernter liegen.

Türkis gilt als tolerant, ruhig und vertrauenswürdig.

Türkis kann bläulich oder grünlich sein.

14.4.7 Grün

Grün ist die Farbe der Hoffnung. Wahrscheinlich ist diese Assoziation vom sprießenden Grün im Frühling abgeleitet.

Grün wird fälschlicherweise oft als Mischfarbe gesehen. Mischfarbe ist Grün nur beim subtraktiven Mischen von gelben und blauen Buntpigmenten. In unserer Farbempfindung ist Grün die Komplementärfarbe von Rot.

Grün strahlt auch Ruhe, Geborgenheit und Natur aus. Deshalb wird diese Farbe gerne in Verbindung mit Umweltthemen gewählt und soll auf gute Zukunftsprojekte hinweisen.

Bezüglich der Mode erscheint Grün – wie andere Farben auch – in vielfältigen Variationen. Ein Dunkelgrün mit wenig Brillanz wird gerne von naturverbundenen Personen genutzt. Jäger und Angler sind die bevorzugte Klientel für diese Farbe. Für alle anderen Personenkreise steht eine Vielzahl von Grüntönen zur Verfügung. Auch hier zeigen sich Frauen wählerischer. Je nach Haut- und Haarfarbe lassen sich grüne Kleidungsstücke in Variationen von stark bis schwach intensiv aussuchen.

Grün steht für etwas Beruhigendes, Lebendiges und Natürliches. Es kann allerdings auch giftig und herb sein.

Grün kann bläulich oder gelblich sein.

14.4.8 Olivgrün

Diese Farbe hängt – so hat man den Eindruck – irgendwo im Farbkreis dazwischen. Wer sich mit dem Mischen von Künstlerfarben oder auch Lacken auskennt, weiß, dass es kein "richtiges" Grün ist: Mischt man Grün mit Schwarz, wird es zu Dunkelgrün. Mischt man Grün mit Gelb, wird es zu Gelbgrün. Erst wenn man Gelb mit Schwarz mischt, führt der Weg zu Olivgrün. Je nach Zugabemenge an Schwarz wird die Mischung heller oder dunkler und gleichzeitig gelber oder schwärzer. Grundsätzlich ändern sich immer drei Komponenten bei allen Mischungen mit Buntpigmenten (auch Künstlerfarben): Wenn Schwarz zu Gelb gegeben wird, driftet es ins Grünliche und ändert damit den Farbton. Die Helligkeit nimmt mit zunehmenden Schwarzanteil ab und die Buntheit sinkt ebenfalls.

Olivgrün hat seinen besonderen Reiz. Das gilt insbesondere für Kleidung. Neben Türkis ist Olivgrün die Lieblingsfarbe von Rothaarigen mit blasser Haut. Mit etwas

Geschick lassen sich interessante Farbkombinationen herstellen. Hier sind die Möglichkeiten groß, da Olivgrün keine klare Farbe ist.

Olivgrün ist eine unsicher stimmende Farbe, die auch Zerstreutheit und Unruhe ausstrahlt.

Olivgrün kann gelblicher und heller oder grünlicher und dunkler sein.

14.4.9 Braun

Reduziert man die Farbigkeit von Rot, so bewegt man sich in Richtung Rotbraun. Würde man mit einem Orange beginnen und dessen Helligkeit reduzieren, so erhält man ein entsprechendes Gelbbraun.

Zu Braun gesellt sich auch Beige in allen Schattierungen. Beide besitzen einen geringen Farbcharakter, der sie bei Kleidung mit vielen Farben, auch mit gleichen Farbrichtungen in Braun und Beige kombinieren lässt.

Beige und Braun sind Erdfarben, die – insbesondere Braun – eine gewisse Schwere mit sich tragen. Sie sind typische Winterfarben und spiegeln nicht selten das Gemüt des Trägers oder der Trägerin wider. Im Gegensatz zu intensiven Gelb- und Rotfarben strahlen sie Introvertiertheit aus.

Braun wirkt bieder, altmodisch und gemütlich mit dem Hauch von Spießigkeit.

Braun und Beige können in alle Farbrichtungen – außer Blau und Grün – variieren.

14.4.10 Weiß

Weiß beinhaltet alle Farben, ist aber selbst nicht farbig. Weiß steht für etwas Jungfräuliches, Reines und Frisches. Es ist eine offene Farbe, also eine extrovertiert wirkende Farbe.

Wie bei Grau und Schwarz muss man nicht Farbe bekennen, weil Weiß im engen Sinn keine Farbe ist. Aufgrund ihrer Helligkeit wird diese Farbe in vielen Bereichen eingesetzt, um diese entsprechend aufzuhellen. Innenbereiche von Wohnungen, Ateliers, Büros und Gebäuden allgemein werden "geweißt", um diese einladender zu machen.

Weiße Kleidungsstücke sind universell einsetzbar: Bei Männern eher als Hemdenfarbe, bei Frauen als Rock, Kleid, Bluse, Accessoires und mehr.

Weiß ist in erster Linie der Ausdruck von Reinheit. Es ist eine gute und leichte Farbe, die in ihrer Unschuld auch neutral wirkt – sie ist nahezu ideal.

Weiß ist meistens Weiß. Sobald etwas Farbe hinzukommt, entstehen Pastelltöne. Etwas Schwarz macht es schnell zu Grau.

14.4.11 Grau

Auf dem Weg vom Weiß zum Schwarz liegt Grau. Auch wenn es uns relativ neutral erscheint, haben die meisten Grautöne einen Farbstich. Nur im Idealfall haben wir ein neutrales Grau vor uns.

Da Grau verschiedene Farbrichtungen einnehmen kann, präsentiert es sich auch unterschiedlich: Es kann bescheiden und angepasst sein, im negativen Sinn ist es langweilig und einsam.

Grau kann neutral sein, es kann aber alle Farbrichtungen einnehmen.

14.4.12 Schwarz

Schwarz ist im strengen Sinn eine Nichtfarbe, wenn man Max Plancks Definition eines Schwarzen Körpers folgt. Er hatte den Schwarzen Körper als Abwesenheit von Farben dargestellt.

Schwarz ist eine sehr introvertierte Farbe, die wie Weiß kein Farbbekenntnis zulässt. Schwarz steht für Macht, Unnahbarkeit und Undurchschaubarkeit. Als Kleidungsfarbe wird es gern von Designern und Architekten getragen, die sich dadurch unangreifbar in ihren Ideen machen wollen. Mit Schwarz wird eine farbliche Barriere gegenüber den Mitmenschen aufgebaut.

Schwarz kann abweisend, brutal und egoistisch wirken. Im positiven Sinn zeigt es sich elegant, introvertiert und konservativ.

Schwarz gibt es als Pigment und Farbstoff in den Farbrichtungen Blau und Braun. Die Farbrichtung ist abhängig von der Partikelgröße. Beim Aufhellen mit Weiß wird die Farbrichtung erkannt.

14.4.13 Gold

Obwohl Gold keine eigenständige Farbe ist, wird sie wie auch Silber hier aufgeführt.

Gold gehört zu den faszinierenden Farben (und Elementen). Für die Menschen spiegelt sich in diesem Edelmetall die Sonne, unser Licht- und Lebensspender wider. Das begründet auch seine Beliebtheit und Begehrlichkeit.

Gold steht für Reichtum und Macht. Lange galt Gold als Zahlungsmittel, wurde aber vor längerer Zeit als Reservezahlungsmittel abgelöst.

Gold wird vielfach für die Herstellung von Schmuckstücken verwendet, meistens auch als Reserve für schlechte Tage.

Gold ist die Farbe für eitle Angeber, zeigt aber auch das Interesse an genussvoller und luxuriöser Festlichkeit. Es steht auch für teure Pracht.

14.4.14 Silber

Silber ist die Farbe des Mondes, der mit seinem oft fahlen Licht seine Zweitklassigkeit gegenüber der Sonne zeigt.

Silber findet wie Gold oft Verwendung im Schmuckbereich, auch in Kombination mit Gold. Im Gegensatz zu Gold strahlt Silber eher Kühle und Distanz aus. Silber gehört seit Jahren zu den beliebtesten Autofarben.

In der Mode findet man Silber – wie Gold – bei Accessoires wie Handtaschen oder auch bei Schuhen. Silber und Gold sind nicht zum Einfärben geeignet.

Silber steht meistens im Schatten von Gold, ist aber eleganter und eher unkonventionell.

14.5 Ars Heraldica

Wie bereits in Kap. 6 zum Thema Malerei erwähnt wurde, konnten die meisten Menschen im Mittelalter weder schreiben noch lesen., Aus diesem Grunde wurden auch die Wappen, Schilder und Tücher der Adeligen und Ritter mit Formen und Farben belegt. Sie stellten entsprechende Aussagen und Zugehörigkeiten dar (vgl. Abbildung 14.1).

Georg Andreas Böckler veröffentlichte sein Buch "Ars Heraldica" 1688 in Nürnberg. Unter anderem schreibt er "Von den Herold = Farben in den Schilden und Helmdecken". Er weist auch darauf hin, "daß nicht einem jeden erlaubet wird/die Farben nach seinem Belieben zu fügen und zu setzen" (Abbildung 14.2).

Böckler unterteilt die Farben nach verschiedenen Kriterien:

"I. Nach den Namen/so seynd dieselben die 7. nachfolgende: 1. Gelb, 2. Weiß, 3. Roth, 4. Blau, 5. Schwarz, 6. Grün, 7. Braun oder Purpur." Er erwähnt, "daß die gelb und weisse Farben Metalla in der Herold = Kunst genennet werden/die andere Farben aber bleiben bey ihrer Gestalt und Namen."

"II. Nach den Planeten. 1. Die gelbe Metall-Farbe zeiget oder bemercket Sol, die Sonne. 2. Die Weisse/Luna, den Mond. 3. Die Rothe/den Mars, das Eisen. 4. Die Blaue/den Jupiter, das Ziehn [Zinn]. 5. Die Schwartze/Saturn, das Bley. 6. Die Grüne/Venus, das Kupfer. 7. Die Purpur/den Mercurius, das Quecksilber."

Interessant sind seine Ausführungen über die Bedeutung der Farben und Farbkombinationen:

"III. Nach der Bedeutung: So ist über vorheriges noch ferner zu wissen/warum die zwo Farben/Gelb und Weiß/Metalla genennet werden/weilen das erste Metall/Gold oder Gelb/das vortrefflichste vor allen andern ist/sowol wegen derselben natürlichen Eigenschafften/als hellen Flammen des Glantzes/damit es alle Metall übertrifft/und derowegen der Sonnen/welcher Anschauung der Menschen Hertz erfreuet/zugeygnet wird."

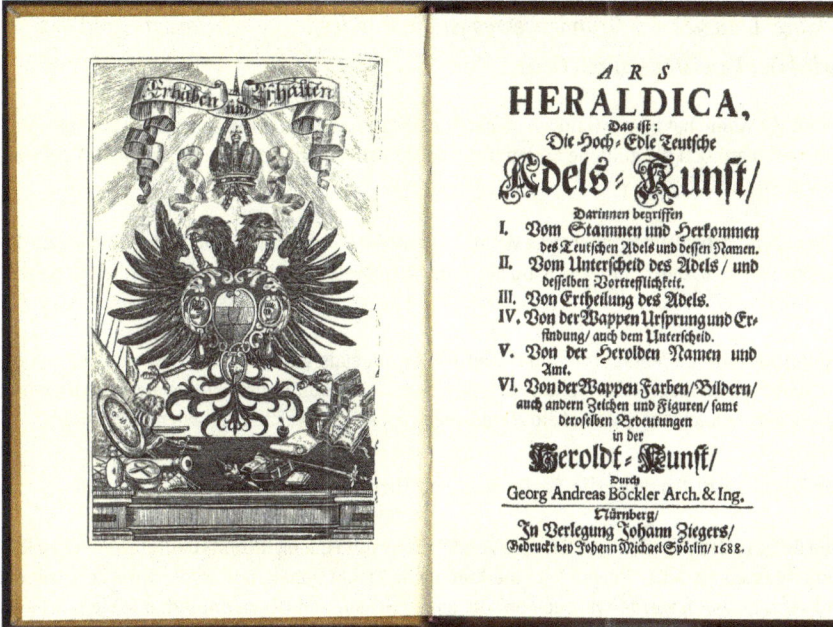

Abb. 14.1: Georg Andreas Böckler veröffentlichte 1688 sein Buch „Ars Heraldica", in dem er viele Anmerkungen zu Farben zusammenstellte.

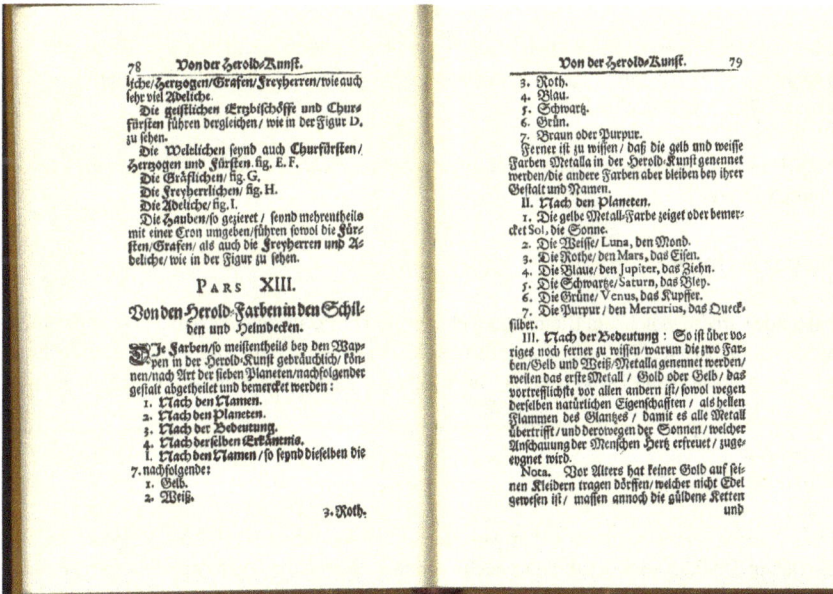

Abb. 14.2: „Von den Heroldfarben in den Helmen und Schilddecken": Böckler gibt eine Übersicht über die einzelnen Farben.

Anmerkung: Laut §22 des Grundgesetzes ist die Bundesflagge schwarz-rot-gold. Darge-stellt wird Gold meistens durch Gelb.

„Nota. Vor Alters hat keiner Gold auf seinen Kleidern tragen dörffen/welcher nicht Edel gewesen ist/massen annoch die güldene Ketten und Spohren allein den Rittern und Standes = Personen gebühren/und ...“

"Die zweyte Farbe Weiß/so auch eine Metall = Farbe/wie gesagt ist/bedeutet Silber/und hat die Figur des Wassers/zeiget derowegen an/die Reinigkeit /Weißheit/Unschuld/Keuschheit und Freude; ..."

"Nota. Diese beyde Metalla/gelb und weiß/sollen niemals aufeinander in einem Schild gegeben und zusammen gesetzet werden/[...] Die Natur/welche der Kunst richtigster Grund ist/lehret selbsten/dass man den Sachen kein Metall zueignen soll/zu welchen es sich nicht schicket."

Danach beschreibt Böckler die Farbe Rot und ihre Wirkung:

"Die dirte Farbe ist roth; diese hat eine Vergleichung mit Feuersgluth/als dem vortrefflichen Element. Massen auch der Purpur für eine Königliche Tracht gehalten wird/die vor Alters keinem andern zugelassen wurde/wie auch nur die jenige Herren und Obern mit rother Dinte schreiben dorfften/welche das Schwerdt führten/und über Tod und Leben zu urtheilen hatten."

"Die rothe Farbe aber bedeutet eine brennende Tugend = Begierde/sich um sein Vatterland ritterlich zu verdienen/wie auch Kühnheit. Es bedeutet auch die rothe Farbe ein GOtt = ergebenes Herz/welches bereitet ist/für das Wort Gottes sein Blut zu vergiessen."

"Wann andere Farben zu der Rothen gesetzet werden/so bdeutet Roth zu Silber/Verlangen, sich zu rächen. zu Blau/Wohlthätigkeit. zu Schwarz/der Welt Haß, zu Grün/Künheit der Jugend. zu Purpur/Stärck und Gerechtigkeit."

"Nota. Die rothe Farbe bedeutet auch *nach dem Alter des Menschen das fünffzigste Jahr.*" [Hervorhebung von WRC]

Über Blau schreibt er dann:

"Die blaue Farb/so gleichsam Himmelblau gleichet der Lufft/als dem nechsten und edelsten Element nach dem Feuer. Bedeutet Treue/Beständigkeit/Wissenschafft und herzliche Andacht gegen Gott; [...] Die blaue Farbe bedeutet nach *dem Alter des Menschen das fünffzehende Jahr.*" [Hervorhebung von WRC]

Und Schwarz:

"Die schwartze Farbe wird nach den vier Elementen der Erden verglichen. Bedeutet Traurigkeit/Demut/Unglück und Gefahr; als welche von dem Liecht und Glantz am weitesten entfernet ist; [...] Schwarz zu Gold/Ehr und langes Leben. zu Silber einen guten Namen. zu Roth/Dapfferkeit. zu Blau/Friedfertigkeit. zu Grün/Treu und Glauben. zu Purpur/beständige Andacht.
Schwarz bedeutet nach den Edelgesteinen den Diamant/*und nach dem Alter des Menschen das siebenzigste Jahr.*" [Hervorhebung von WRC]

Und Grün:

"Grün/so aus Gelb und Blau gemischt/bedeutet die Freyheit/Schönheit/Frölichkeit/Freude/Ge-
sundheit/Hoffnung und Mildigkeit. Wann andere Farben zu Grün gesetzt werden/so bedeutet
Grün zu Gold/Belustigung. zu Silber/einen guten Anwalt. zu Roth/Halsstarrigkeit. zu Blau/be-
ständige Freude. zu Schwarz/Mässigung des gesuchten Lusts. zu Purpur/Glück nach dem Un-
glück.
Nota: Grün ist nicht so Edel als Roth und Blau. *Nach dem Alter des Menschen bedeutet Grün das
dreissigste Jahr.*" [Hervorhebung von WRC]

Und Purpur:

"Purpur. So aus allen vorbesagten Farben eine Vermischung in gleichem Gewicht gemachet
wird/so wird die Purpurfarb/oder Violbraun daraus; sie wird von etlichen geringer als die vorhe-
rige gehalten/weil sie weniger Kräffte hat; [...]"
"*Nach dem Alter des Menschen /bedeutet Purpur das neunzigste Jahr.*" [Hervorhebung von WRC]

Und die Pommeranzen [Farbe der Bitterorange]:

"Die Pommerantzen = und die Leib = Farbe/werden aber selten in dieser Kunst gebraucht; so man
aber dergleichen antrifft/so bedeutet die Pommerantzen = Farbe/unbeständigen und eigenen
Ruhm. [...] Leibfarb bedeutet langsam zu streiten/und zu überwinden /wie auch Unbeständig-
keit und Wanckelmuth."

Da sicherlich nicht immer alle Farben/Pigmente zur Verfügung standen, machte sich
Böckler Gedanken darüber, wie man mit Formen die verschiedenen Farben darstellen
könnte:

"IV. Nach Erkänntnis der Farben/so ist zu wissen/daß man solche nachfolgender Gestalt jetziger
Zeiten Gebrauch/und nur mit Linien und Puncten einer Farb/aller Farben Gestalt erkennen und
verstehen kan/und werden
Erstlich/die sieben Haupt = Farben in beygesetzten Figuren/auf solche Weise vorgestellet:
N. 2. Fig. A. Wird nur punctirt/bedeutet gelb/oder das Metall von Gold l' Or.
Fig. B. Wird weiß gelassen/ist Silber l' Argent.
Fig. C. Wird mit abwarts = gehenden Linien bezeichnet/ist roth Guele, Eisen.
Fig. D. Wird von oben abwarts von der rechten gegen die lincken Hand hangenden Linien be-
zeichnet/purpre, Quecksilber.
Fig. E. Wird mit oben abwarts von der lincken gegen der rechten Hand hangenden Zwerg = Linien
gemahlet/ist grün/sinople, Kupfer.
Fig. F. Wird mit zwerlichen Linien gemacht ist blau/Azur, ist Zihn.
Fig. G. Wird mit Creutzstrichen übereinander schattirt/ist schwartz/Sable, Bley."

Böckler beschreibt weiter die verschiedenen Flaggen und Fahnen, die Punkte, Striche,
Kreuze und auch Tiersymbole enthalten können. Erstaunlich sind seine Beschreibungen, weil ihre Grundlagen heute noch gültig sind (Abbildung 14.3).

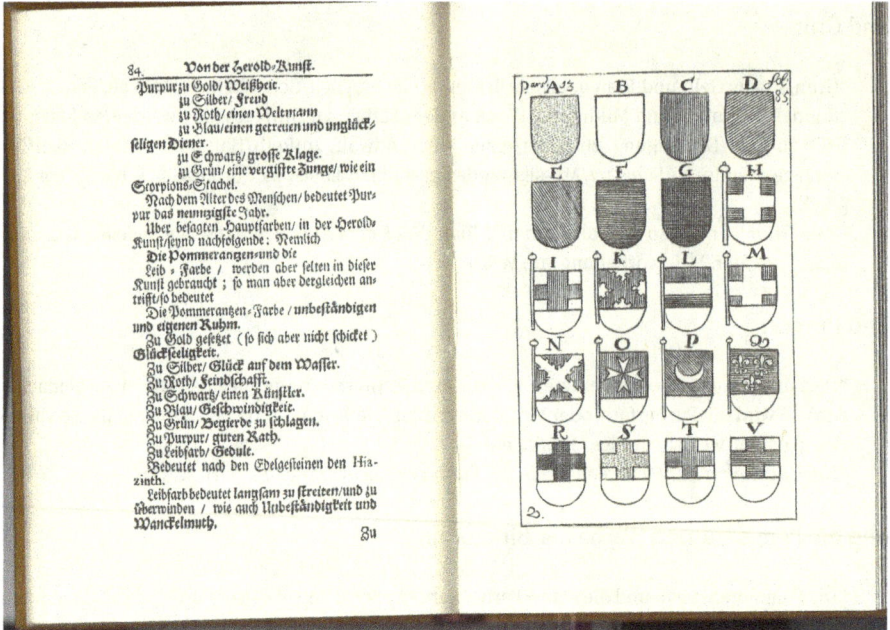

Abb. 14.3: Wo keine Farbe ist, übernehmen schwarzweiße Formen deren Bedeutung.

Anmerkungen

Es werden viele Bücher zu Farben, ihrer Tiefenpsychologie oder ihrer Kraft angeboten. Alle Bücher beruhen auf Erkenntnissen von Goethe und seiner Farbenlehre. Diese spiegelt aber – wie schon dargelegt – die Mischungsverhältnisse wider und hat nichts mit unserer Farbempfindung zu tun. Will ich Verbindungen zwischen psychologischen Themen und Farben herstellen, so muss ich zwingend und unbedingt unser Empfinden heranziehen.

14.6 Farbe um Farbe

Goethe schrieb in seiner Farbenlehre: „Gelb und Grün hat immer etwas Gemeinheiteres, Blau und Grün aber immer etwas Gemeinwiderliches; deswegen unsre guten Vorfahren diese letzte Zusammenstellung auch Narrenfarbe genannt haben."

Prinzipiell lassen sich benachbarte Farben immer kombinieren, wenn die Ausgangsfarben eine gemeinsame Farbrichtung haben. Für einen Maler spielt Goethes Aussage keine große Rolle, da er die Freiheit der Kunst zur beliebigen Ausrichtung seines Bildes nutzt. Bei der Auswahl der Kleidung wird man sicherlich kein intensiv grüngelbes Oberteil mit einem intensiv orangefarbenen Rock oder einer Hose kombinieren. Hier gibt es neben der Konkurrenz der Farben (grünstichiges gegen rotstichiges Gelb) auch die Konkurrenz der Buntheit und die Konkurrenz der Helligkeit. Die intensive Farbe eines Kleidungsstücks will immer im Vordergrund sein. Deshalb sollten die anderen Kleidungsstücke eine blassere (pastellfarben) oder dunklere Farbe besitzen. Mit Weiß oder Schwarz lassen sich nahezu alle Kleidungsfarben kombinieren.

Gelb und Orange

Diese Kombination wirkt harmonisch, wenn es sich um ein rotstichiges Gelb handelt. Das Orange kann mehr gelb oder rot sein.

Orange und Rot

Das Rot sollte nicht blaustichig (violett) sein, damit sich die beiden Farben "vertragen".

Rot und Violett

Ein blaustichiges Rot passt immer zu einem Violett. Allerdings sollte das Violett nicht zu rotstichig sein!

Violett und Blau

Auch hier gilt: Je rötlicher das Blau ist, desto angenehmer erscheint die Kombination mit Violett. Hier wäre auf jeden Fall eine Kombination mit einem Rotviolett vorzuziehen.

Blau und Türkis

Zwei kalte Farben zu kombinieren, ist immer eine Herausforderung. Hier sollte man neben einem grünstichigen Blau bei der Auswahl auch auf einen Helligkeitskontrast achten.

Türkis und Grün

Türkis hat sowohl blaue als auch grüne Anteile. Aus diesem Grund lässt es sich gut mit Grün zusammenstellen. Geeignet sind vor allen Dingen blaustichige Grüntöne.

Grün und Gelb

Ein grünstichiges Gelb passt immer zu Grün, besonders wenn dieses gelbstichig ist. Blaustichige Grüntöne können auch kombiniert werden, wenn sie dunkel sind. Das ergibt einen zusätzlichen Kontrast.

Diese Zusammenstellung dient nur der Orientierung. Gerade im Modebereich kommen weitere Aspekte hinzu, die vielseitige Farbkombinationen ermöglichen. Hierbei sollte man sich nicht unbedingt von außen beeinflussen lassen, sondern nach eigenem Geschmack entscheiden und manchmal auch mutig sein.

14.7 Wie sehe ich mein Auto?

Die Wahl einer Autofarbe ist stark abhängig vom jeweiligen Angebot. Das war bei den ersten Autos genauso wie heute: Damals übernahm man die Farben und Öl-Lacke der Kutschen und übertrug sie auf Autos. Die Lacke wurden mit einem Pinsel aufgetragen, was eine recht langwierige Arbeit war. Insbesondere die langen Trockenzeiten hinderten die Firmen an einem größeren Produktionsvolumen (Abbildung 14.4).

Abb. 14.4: Pinsel-Lackierung bei Benz um 1905. Foto: Mercedes-Benz.

Zwei Entwicklungen beschleunigten die Produktion: Die Spritzpistole hielt Einzug in die Lackierung. Nach dem 1. Weltkrieg wandelte man die übriggebliebene Schießbaumwolle in Nitrolacke um. Diese dünnflüssigen Materialien konnten nur mit einer Spritzpistole appliziert werden.

Henry Ford führte IR-Bögen zum Trocknen der Lacke ein. Gleichzeitig beschränkte er aus produktionstechnischen Gründen sein Farbangebot auf die Farbe Schwarz: „Jeder Kunde kann seinen Wagen beliebig anstreichen lassen, wenn der Wagen nur schwarz ist", schrieb er in seinem Buch „Mein Leben und Werk".

Die großtechnische Herstellung von Titandioxid ab den 1930er Jahren erweiterte die Farbpalette, so dass auch zahlreiche RAL-Farben für den automobilen und industriellen Gebrauch entwickelt wurden. Die Vielzahl der Farben wurde während des 2. Weltkriegs immer weiter eingeschränkt. Die grünen Polizeifahrzeuge wurden zum Kriegsende nur noch mit Lacken, die noch vorhanden waren, gestrichen. Meist ergaben sich aus den Resten schmuddelige Grautöne.

Nach dem Krieg startete die Autoproduktion mit gedeckten Farben, die meistens für den Export vorgesehen waren. Erst in den 1960er Jahren, zur Wirtschaftswunderzeit, entdeckte man Popfarben für die Autos. Knallige Farben in Gelb, Orange, Gelbgrün, Grün und Blau bestimmten das Straßenbild (Abbildung 14.5). Vereinzelt gab es auch Metallics (Lackierungen mit Aluminiumpigmenten) als 1-Schicht-Lacke, die aufgrund der Ausrichtung der Aluminiumteilchen schwer zu reparieren waren.

Abb. 14.5: Schon Historie: Bunte Autos.

Ende der 1970er Jahre einigten sich die Lack- und Autohersteller darauf, keine schwermetallhaltigen Farben und Lacke einzusetzen. Das führte zu einer raschen Abnahme bunter Autos auf deutschen Straßen (Abbildung 14.6).

Mitte der 1980er Jahre wurden 2-Schicht-Lacksysteme entwickelt, bei denen der sogenannte Basislack die farbgebenden Pigmente enthält und der darüber gespritzte Klarlack für den Schutz gegen äußere Einflüsse sorgt. Mehr und mehr Metallics wurden in diesem System appliziert. Heute werden fast alle Lacke in der Autoproduktion im 2-Schicht-System appliziert (Abbildung 14.7).

Die Farbenvielfalt im Angebot der Autohersteller erweiterte sich ab Mitte der 1980er Jahre durch Interferenzpigmente. Zunächst wurden sie solo aufgetragen, dann als Mischungen mit Buntpigmenten (Mineraleffekt, Perlcolor). Heute werden meistens Dreiermischungen von Bunt-, Aluminium- und Interferenzpigmenten verwendet.

Ein kurzer Blick auf die Straßen in Deutschland zeigt, dass es heute kaum bunte Autos gibt. Seit Jahren besetzen die drei Farben Weiß, Grau/Silber und Schwarz mehr

Abb. 14.6: 1979 ging es noch kunterbunt auf den Straßen aus.

als 70 % des Straßenbildes. Ein Grund für die Farblosigkeit liegt im Kaufverhalten der Autobesitzer: Viele Privatpersonen leasen ihre Fahrzeuge, wie es auch Geschäftsleute und Firmen tun. Dabei spielt der Rückkaufwert eine große Rolle. Und je schneller sich ein Auto verkaufen lässt, bei dem der Leasingvertrag ausgelaufen ist, desto größer ist der Wert. Bei einem orange- oder lilafarbenen Auto ist er deutlich niedriger!

Auch übertragen wir Farben auf Objekte oder Personen, um deren Wahrnehmung und Beurteilung zu beeinflussen und zu ändern. Ende der 1970er Jahre wurde Schwarz als Autofarbe „freigegeben": Die Regierungs- und Firmenfahrzeuge waren nicht mehr schwarz, sondern dunkelblau. Die Beerdigungsfahrzeuge wechselten zu Silber- und Anthrazit-Metallic, und die Taxen strahlten nun in Hellelfenbein. Damit war der Weg frei für Schwarz als Farbe der Macht, Bedeutung und Wichtigkeit sowie des virtuellen Understatements. Zunächst war Schwarz ein Renner bei mittleren Fahrzeugen, bis die Autohersteller auch ihre Kleinwagen in Schwarz anboten. Das „Image" von Schwarz der Fahrzeuge wichtiger oder angeblich wichtiger Personen wurde in allen Bevölkerungsschichten beansprucht.

In den 1980er Jahren präsentierten die Autohersteller die sportlichen Varianten ihrer Modelle auch in Rot. Damit sollte die Dynamik, die Angriffslust und die Kraft symbolisiert werden. Wenn dann Autozeitungen Sportmodelle verschiedener Hersteller gleichzeitig und gegeneinander testeten, wurden alle zusammen auf dem Titelbild und im Bericht dargestellt. Da wäre es besser gewesen, wenn ein Autohersteller seinen Testwagen in Knall- oder Giftgrün zur Verfügung gestellt hätte. Dem wäre eine große Aufmerksamkeit zuteilgeworden, während die roten Wettbewerber weniger unterscheidbar waren (Abbildung 14.8).

VOLKSWAGEN 1

golfblau VWL 390	delphingrau hell VWL 320
1960	1954
rubin VWL 456	lichtgrau VWL 345
1960	1958
anthrazit VWL 469	paprika VWL 452
1960	1959
javagrün VWL 518	perlweiß VWL 87
1962	1960
bahamablau VWL 519	blauweiß VWL 289
1962	1960
terrabraun VWL 571	seeblau VWL 360
1962	1960
panamabeige VWL 572	türkis VWL 380
1962	1960

VOLKSWAGEN 7

marinablau VWL 54 D	hippigrün VWL 63 M
1971	1970
weidengrün VWL 63 K	sienagelb VWL 11 H
1971	1971
kansasbeige VWL 91 D	shantunggelb VWL 12 D
1971	1971
texasgelb VWL 10 B	iberischrot VWL 31 F
1972	1971
saturngelb VWL 13 M	chiantirot VWL 31 H
1972	1971
leuchtorange VWL 20 B	saphirblau VWL 50 D
1972	1971
kasanrot VWL 30 B	niagarablau VWL 53 D
1972	1971

VOLKSWAGEN 10

tropengrün VWL 80 A	ralleygelb VWL 10 A
1974	1974
cliffgrün VWL 61 A	brillantgelb VWL 11 C
Nuance VWL 61-60 A B. 18	
1974	1974
lofotengrün VWL 61 H	tunisgelb VWL 16 M
Nuance VWL 61-60 H B. 18	
1974	1974
berbergelb VWL 11 D	marinogelb VWL 20 A
1975	1974
bananagelb VWL 11 Y	mandarin VWL 27 N
1975	1974
nepalorange VWL 20 C	senegalrot VWL 31 A
1975	1974
cadizorange VWL 21 C	ibizarot VWL 31 M
1975	1974

VOLKSWAGEN 23
(oder 47)

sienarot metallic W 9 VWL D3V	sandstone metallic VWL E1Y (Amerika)
Reihe 54— 1983	Reihe 54— 1981
tobaogrün metallic Y 3 VWL D6Y	burnished gold metallic VWL E1Z (Amerika)
Reihe 54— 1983	Reihe 54— 1981
champagner metallic VWL K3V	forest green metallic VWL B6Z (Amerika)
Reihe 54— 1983	Reihe 54— 1981
burgund metallic VWL K3Y	kometenblau metallic VWL B8V
Reihe 54— 1983	Reihe 54— 1983
12	biscayablau metallic VWL B6Z
	Reihe 54— 1983
13	papyrosgrün metallic VWL B6V
	Reihe 54— 1983
14	umbrabraun metallic VWL B8V
	Reihe 54— 1983

Abb. 14.7: Nach dem 2. Weltkrieg sah die Farbenwelt auf den Straßen ziemlich trist aus. In den siebziger Jahre war die Welt schon wesentlich farbenfroher, während sie danach wieder trister wurde.

Bunte und unbunte Autofarben
Quelle: KBA/W.R.Cramer

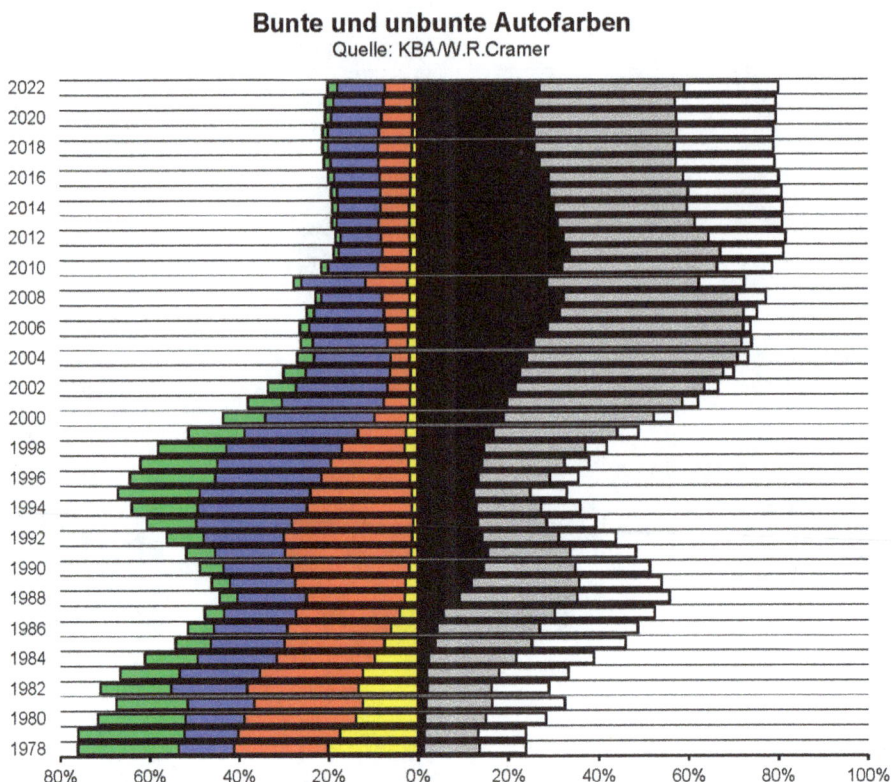

Abb. 14.8: Die Zulassungszahlen des Kraftfahrt-Bundesamtes (KBA) zeigen die Entwicklung seit 1978: Etwa ab 1996 wird das Straßenbild immer unbunter.

14.8 Farben haftbar machen

Farben lassen sich auch gut Objekten zuordnen, um deren einzelne Teile unterscheidbar zu machen. Dublins farbige Türen sind ein Beispiel: Wer abends nach Hause kommt und nur gleiche Türen sieht, hat Schwierigkeiten, sich für die richtige und eigene Tür zu entscheiden. Da hilft Farbe auf den Türen! Und die ist auf jeden Fall besser zu erkennen als die Hausnummer.

Oder welche Farbe passt zu einer Stadt? Welche Farbe drückt am besten den Stil, die Atmosphäre und das Ambiente einer Stadt aus? Für die spanische Stadt Sevilla wäre Orange eine gute Wahl, denn die Hitze und die vielen Orangenbäume spiegeln sich gut in dieser Farbe wider. Und Wien wäre sicherlich eine violette Stadt, ein bisschen k. u. k., ein bisschen nostalgisch, aber auch der Charme einer alten Dame. Diese Farbe würde man als Umschlagfarbe fürs Fotobuch über Wien wählen (vgl. Abbildung 14.9).

Abb. 14.9: Welche Farbe passt zu welcher Stadt?

14.9 Kulturelle Einflüsse

Die farbenpsychologischen Aussagen sind stark an europäischen Kulturen ausgerichtet. Kulturen in anderen Kontinenten oder auch Ländern können eventuell abweichende Vorstellungen bezüglich einzelner Farben und Farbkombinationen besitzen. Letztlich sind diese Abweichungen eher marginal.

Im Zuge der allgemeinen Globalisierung verwischen Unterschiede auch in der Beziehung zu Farben in der Kleidung und anderen Gebrauchsgegenständen. Konnte man noch vor Jahren Unterschiede bei den Autofarben in anderen Ländern feststellen, gibt es diese so gut wie gar nicht mehr. Früher hatten französische und italienische Autos eher grünliche Gelbtöne, während im Norden Europas Autos eher in rötlichen Gelbtönen gebaut wurden. Durch den teilweise hohen Exportanteil einiger Autohersteller wählt man heute für die Herstellung Farben, die allen gefallen.

Diese Aussagen gelten prinzipiell auch für die Kleidungsmode. Allerdings haben die Einkäufer in den verschiedenen Ländern die Möglichkeit, länderspezifisch einzukaufen. Man findet dann vom gleichen Hersteller in Spanien eine andere Farbauswahl als in Deutschland. Dass wir nicht in einem globalen, modischen "Einheitsbrei" leben müssen, ist das Positive an diesen Unterschieden. Das liegt sicherlich auch an der jeweiligen Umgebung, die sich in vielerlei Hinsicht, nicht nur bei den Temperaturen unterscheidet.

14.10 Soziologie der Farben

Auf dieses Thema kam ich vor einigen Jahren, als ich zu Fuß durch verschiedene Stadtviertel zu meinem Atelier ging. Dabei interessierte ich mich – mit einem Blick – auch für die Farbpalette der dort parkenden Autos. Leider ist eine ähnliche Analyse in dieser Form heute nicht mehr möglich: Zu jener Zeit war der Anteil gebrauchter Autos in Rot hoch. Daraus schloss ich, dass Stadtviertel mit einem hohen Anteil roter Autos finanzschwächer sein müssen. Stadtviertel mit einem niedrigen Rotanteil der geparkten Autos waren vermutlich finanzstärker. So konnte man auf dem Parkplatz eines Golfplatzes keine roten Autos ausmachen. Zu der Zeit waren weiße Autos "in".

Im Jahr 2009 wurde die Abwrackprämie für alte Autos eingeführt. In der Mehrzahl wurden damals Klein- und Mittelklasseautos in Rot neu gekauft. Diese Neuwagenkäufe hatten später auch farbliche Auswirkungen auf den Gebrauchtwagenmarkt.

Ein weiteres Beispiel für soziologische Hinweise durch Farben gibt es im Bereich der Kleidung, die unterschiedlich gefärbt sein kann. Teure Farbstoffe sind oft geschmackvoller von den Herstellern ausgewählt. Billige Nachahmerprodukte sind an ungenügender Färbung zu erkennen. Man will den Anschein eines aktuellen Modischen erwecken und über die mindere Qualität hinwegtäuschen. Sind Pullover in einer bestimmten Farbe aktuell, sollte man sich die Mühe machen, die – anscheinend gleichen – Farben zu vergleichen. Es lohnt sich!

14.11 Geschützte Farben?

Immer wieder koppeln Firmen oder Verbände ihre Produkte mit Farben und lassen diese Kombinationen schützen. Nicht nur ihre Produkte, sondern auch die Werbung, Briefpapier und Visitenkarten werden mit der gleichen Farbe belegt (Abbildung 14.10).

Abb. 14.10: Gleiche Farben? Zwei Dosen vom selben Hersteller.

Funktioniert das technisch überhaupt? Die Antwort ist ein klares Nein! Denn unterschiedliche Materialien sorgen für teilweise deutliche Abweichungen. Ein Leuchtkasten für die Außenreklame besteht in der Regel aus eingefärbtem Kunststoff. Und für Kunststoff werden entsprechende Pigmente und damit Farben eingesetzt. Für Briefpapier und Visitenkarte benötigt man Druckfarben, wobei auch hier entweder sogenannte Schmuckfarben oder gerasterte Farben eingesetzt werden. Will man zusätzlich noch einen Internetauftritt gestalten, so befindet man sich im RGB-Farbenraum. Diese unterschiedlichen Farbbereiche sind nicht kompatibel, weswegen es verwegen ist, sich eine Farbe schützen zu lassen. Hinzu kommt, dass Farbenfehlsichtige die Farbe anders wahrnehmen.

Verfolgt man die juristischen Auseinandersetzungen um Farben, so wird sich mehr über Paragraphen gestritten als über die Farbe selber. Woher wissen die beteiligten Parteien, wie die strittige Farbe individuell wahrgenommen wird? Interessanterweise hat das Gericht bei einer Klage einer Partei eine HKS-Farbe zugewiesen, obwohl HKS eine eingetragene Schutzmarke ist. Das gehört eben zu den Kuriositäten aus dem Bereich Farbe und Juristerei!

15 Orange, Rot und Lila

15.1 Ich und die Anderen

Mein Leben ist an meinen Körper gebunden und unzertrennlich von diesem. Das Gleiche gilt für meine Gefühle, Emotionen, Träume und Gedanken. Ich kann mich zwar „in jemanden hineinversetzen", aber ich bleibe trotzdem im eigenen Ich, das in meinem Körper ist. Insofern bilde ich auch das Zentrum meines Lebens, körperlich wie auch geistig. Mein ganzes Denken geht von mir als Zentrum aus. Und ich stelle mir vor, dass alle Mitmenschen das Gleiche wie ich denken und fühlen.

Es gibt vier Bilder von jedem Individuum (Abbildung 15.1): Das erste Bild beschreibt unser innerstes Inneres, wo unser Grundcharakter und alle Grundgefühle gespeichert sind (Kern-Ich). Dieses Bild entsteht in den ersten Jahren unseres Lebens und bleibt übers gesamte Leben so bestehen. An dieses Bild heranzukommen, ist schwierig, weil es im Unterbewusstsein angesiedelt ist. Ein Versuch, hier Zugang zu finden, wird in diesem Kapitel beschrieben.

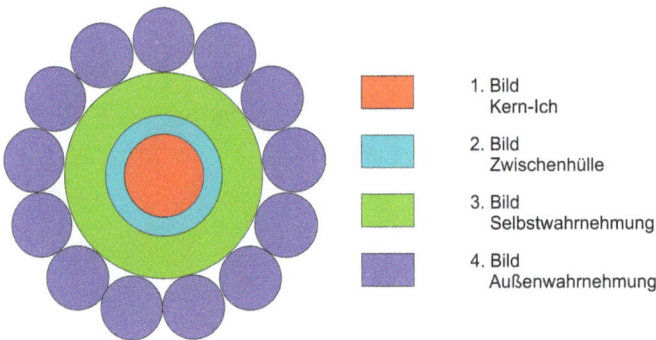

1. Bild
   Kern-Ich

2. Bild
   Zwischenhülle

3. Bild
   Selbstwahrnehmung

4. Bild
   Außenwahrnehmung

Abb. 15.1: Unsere Einstellung zu uns und zu den anderen und die Einstellungen der anderen zu uns lässt sich grafisch darstellen. In unserem Inneren besteht das 1. Bild als Kern-Ich, darum befindet sich das 2. Bild als Zwischenhülle. Um beide Bilder liegt das 3. Bild unserer Selbstwahrnehmung, mit dem wir uns auch nach außen präsentieren. Wie wir von den Mitmenschen gesehen und beurteilt werden, zeigt das 4. Bild der Außenwahrnehmung.

Das zweite Bild ist eine Zwischenhülle, die das erste Bild umhüllt. Im ersten Bild sind Charaktereigenschaften gespeichert, die ein Leben lang bestehen bleiben. Und das zweite Bild, also die Zwischenhülle, bietet Möglichkeiten der Korrektur und Anpassung des ersten Bildes. Ist jemand „im Grunde seines Herzens", also im ersten Bild, jähzornig, kratzbürstig, aggressiv oder eifersüchtig, lassen sich diese Eigenschaften durch Therapie und Coaching eindämmen. Auf diese Weise lässt sich das erste Bild mehr oder weniger „übertünchen".

https://doi.org/10.1515/9783110793918-015

Das dritte Bild von uns, unsere Selbstwahrnehmung, kann auch als Schutzhülle um das erste und zweite Bild beschrieben werden. In diesem Bild sind alle Illusionen enthalten, die wir von unserer Person aufbauen und mit der wir uns nach außen gegenüber den Mitmenschen präsentieren. Dazu gehören auch unsere Kleidung und Kosmetik, mit der wir uns selbst einordnen und in uns genehmer Weise darstellen. Mit diesem Bild steuern wir unsere Außendarstellung. Im Gegensatz zum ersten, dem inneren Bild haben wir Einfluss auf dieses Bild. Dieser Einfluss kann bewusst, aber auch unbewusst geschehen. Und wir geben mit diesem Bild unsere Gefühlslage und Einstellung zur aktuellen Situation preis. Dieses Bild, welches wir selbst aufbauen, dient nicht nur unserer gewünschten Selbstdarstellung nach außen, sondern kann auch als Schutz gegenüber Einflüssen von außen genutzt werden. Mit einer personalisierten Darstellung beeinflusse ich die Kommunikation mit meinen Mitmenschen. Ich kann ihnen gegenüber Mauern aufbauen oder aber auch Brücken schlagen. Mit diesem Bild bestimme ich die Art und Weise dieser Kommunikation.

Geprägt und beeinflusst wird dieses Bild durch Erfahrungen, die wir selbst erlebt haben oder uns von anderen in unserem Umfeld vermittelt wurden. So können wir dieses Bild der Selbstwahrnehmung kontinuierlich oder schrittweise anpassen. Da wir uns im Lauf der Jahre durchs Älterwerden körperlich und geistig ändern, sind diese Anpassungen lebensnotwendig, um unsere Unsicherheit zu minimieren. Diese Änderungen werden nicht nur durchs Älterwerden ausgelöst, sondern auch durch Veränderung der Lebenssituation. Die Auswirkungen betreffen sowohl unsere inneren Einstellungen als auch unsere Außendarstellung. So lässt sich beispielsweise ein gewünschter und erforderlicher Schritt in ein „neues Leben" durch Äußerlichkeiten wie Kleidungsfarbe, Haarfarbe und Haarschnitt darstellen.

Unser Bild der Selbstwahrnehmung ist also nicht statisch, sondern sehr dynamisch. Das liegt auch daran, dass wir mit vielen und unterschiedlichen Menschen in unserem Umfeld – auch nonverbal, beispielsweise über unsere Mimik – kommunizieren. Wir wollen mit unserer eigenen Darstellung Auskunft über uns an unsere Mitmenschen geben. Ihre Reaktionen auf uns nehmen wir auf, verarbeiten sie und reagieren auf sie. Sozusagen als Antwort auf die Reaktionen – das können vermeintliche oder reale sein – passen wir uns an, um „besser dazustehen". Dieser immerwährende Austausch – unsere Mitmenschen reagieren genauso wie wir – führt zum Ausloten der eigenen Position in der Gesellschaft. Für uns ist es wichtig, unsere Position zu kennen, auch wenn sie hauptsächlich auf Illusionen und Vorstellungen beruht.

Diese Vorstellungen bauen wir selbst auf, wobei sie auch von unseren Mitmenschen und deren Vorstellungen geprägt werden. Die Illusionen betreffen nicht nur unser äußeres, selbstgewähltes Erscheinungsbild, sondern auch unsere Einstellungen zum Leben, zu politischen und gesellschaftlichen Aspekten sowie zu verbindlichen und unverbindlichen Beziehungen. Wir sind wie in einem dehnbaren und dynamischen Netz eingebunden in das Miteinander mit unseren Mitmenschen. Allerdings gibt es nicht „die Mitmenschen", sondern nur den Teil der Menschen, mit denen wir in irgendeiner Weise in Kontakt stehen. Das können die Familienmitglieder, Freunde und Arbeitskollegen genauso gut sein wie schwache Kontakte mit dem Zeitungsboten, dem Müllmann oder dem Brötchenverkäufer. Wir haben also nur mit einem Ausschnitt aus dem mitmenschlichen Bereich zu tun. Man kann sich das so vorstellen, als wenn wir in einem Raum sind und nach draußen schauen. Ändern wir die Position in dem Raum, so sehen wir einen anderen Ausschnitt der Welt vor dem Fenster. Bei beiden Positionen haben wir die Illusion, dass wir die ganze Welt vor dem Fenster sehen.

Dieses dritte Bild, die Selbstwahrnehmung, ist also eine Selbstinszenierung und dient dem eigenen Wohlbefinden. Mit einer Betrachtung im Spiegel lässt sich die Selbstwahrnehmung kontrollieren und einschätzen. Dabei nützen große Spiegel, die den ganzen Körper erfassen. Allerdings sollte man nicht vergessen, dass man sich immer spiegelverkehrt sieht!

Das vierte Bild beschreibt die Außenwahrnehmung, also wie wir von unseren Mitmenschen gesehen und eingeordnet werden. Allerdings gibt es nicht nur *ein* Bild, da dieses von Mitmensch zu Mitmensch variieren kann, sondern mehrere und auch verschiedene. Im Gegensatz zur Selbstwahrnehmung, die nur *ein* Bild hat, ist die Außenwahrnehmung deshalb vielfältig. Dieses vierte Bild wird durch Präferenzen, Vorurteile und den Zeitgeist, also Illusionen und Vorstellungen der Mitmenschen beeinflusst. Die Vorstellungen und Eindrücke, die Außenstehende vom Betroffenen haben, können für ihn einerseits vorteilhaft, andererseits unangenehm sein. Sie dienen zur Beobachtung und Beurteilung des Betroffenen, wodurch in einer direkten Ebene eine Kommunikation oder auch eine Nicht-Kommunikation und Sprachlosigkeit entstehen kann.

Allerdings sind die Vorstellungen und Eindrücke so vielfältig, dass es nicht einfach ist, diese zu interpretieren. Deshalb ist es auch für den Betroffenen notwendig, diese Kommunikationsebene richtig zu beurteilen. Sie oder er will verständlicherweise wissen, wie ihre oder seine Selbstdarstellung und -wahrnehmung beim Gegenüber ankommt.

Wie das dritte Bild, die Selbstwahrnehmung, ist dieses Bild der Außenwahrnehmung auch nicht statisch. Durch die verschiedenen Kontakte mit verschiedenen Personen justieren wir unsere Selbstwahrnehmung dauernd. Dieser Vorgang kann verschieden stark oder nur ganz schwach sein. Würde unser Gegenüber behaupten, dass wir mit roten Haaren besser aussähen, müssen wir dem nicht unbedingt Folge leisten. Es hängt sicherlich auch von unserem Selbstwertgefühl ab, wie stark wir uns von äußeren Einschätzungen leiten lassen (Abbildung 15.2).

Die Außenwahrnehmung spiegelt die Reaktion von Mitmenschen auf unsere Person wider. Sie muss nicht im direkten Kontakt geschehen, sondern beruht meistens auf feinfühliger und atmosphärischer Kommunikation. Diese können den Betroffenen in seiner Selbstwahrnehmung prägen, die er entsprechend der Kommunikation anpassen kann. Andererseits kann der Betroffene andere Personen in seinem Umfeld prägen. Es ist, wie erwähnt, kein statischer, sondern ein dynamischer Prozess zwischen den Menschen.

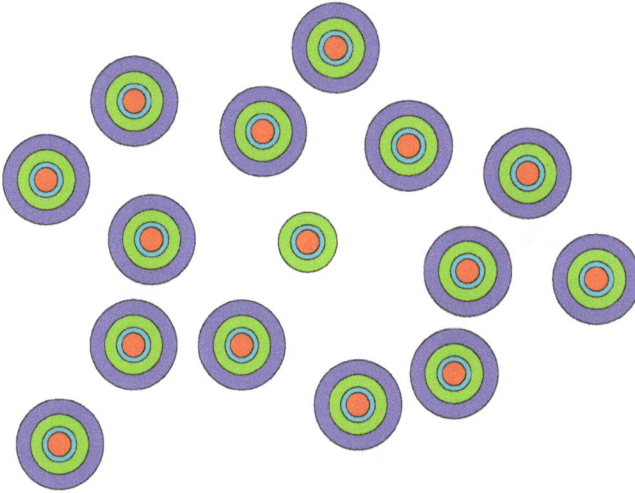

Abb. 15.2: Jedermann besitzt diese Bilder: Kern-Ich, Zwischenhülle und Selbstwahrnehmung. Hinzu kommt die Wahrnehmung, die wir von unseren Mitmenschen haben. Umgekehrt nehmen auch unsere Mitmenschen uns wahr. Diese Wahrnehmung muss aber nicht immer gleich sein.

Die Vorstellungen und Eindrücke, die in diesem Kommunikationsgeflecht eine Rolle spielen, basieren auf den Einschätzungen eines jeden Menschen. Sie können möglicherweise auch auf Täuschungen beruhen, womit Klischees oder Bilder aufgebaut werden sollen.

15.2 Und wie bin ich?

An diese Bilder – Kern-Ich, Selbstwahrnehmung und Außenwahrnehmung – einer Person heranzukommen, ist nicht einfach. Das liegt auch daran, dass meistens Vorstellungen von der eigenen Person relativ diffus sein können.

Um den Inhalt dieser Abstraktion in Bildern zu erfassen, wurde in einer Testserie der Umweg über Farben gewählt. Dadurch ist ein direkter Zusammenhang für die Testperson nicht erkennbar, auch sind keine Assoziationen möglich. Zum anderen wurden nur Farben aus einem Farbbereich gewählt, um Voreingenommenheit, Stereotypen und angebliche Erfahrungen auszuschließen. Würden beispielsweise Farben in einem Farbkreis angeboten, so würde die Mehrheit der Testperson beim Begriff „natürlich" das Grün, beim Begriff „kühl" das Blau, beim Begriff „erotisch" das Rot, oder beim Begriff „sonnig" das Gelb wählen (Abbildung 15.3). Werden der Testperson Farben aus nur einem Farbbereich angeboten, so muss sie sich für eine Farbe entscheiden, obwohl sie nicht auf – auch angebliche – Assoziationen und Verknüpfungen über Farben und deren angebliche Eigenschaften zurückgreifen kann. In diesem Versuch wurden den Testpersonen nur Rottöne vorgelegt, und sie waren daher gezwungen, sich für einen Rotton zu entscheiden.

Abb. 15.3: Würde man in einem Test einen Farbkreis anbieten, wäre keine Differenzierung bezüglich einzelner Farbbereiche möglich.

Um Unsicherheiten oder auch Fehler bei den Zuordnungen auszuschließen, wurden 14 Rottöne ausgewählt. Zunächst wurden sechs intensive Rottöne von Orangerot bis Purpurrot definiert (Farben Nr. A–F). Die beiden äußeren und die mittlere Rotfarben ergaben aufgehellt die Hellfarben (Farben Nr. G–I), abgedunkelt die Dunkelfarben (Farben Nr. J–L). Zusätzlich wurden noch die zwei nicht-bunten Farben Grau und Braun definiert (Farben Nr. M und N). Der Test war ergebnisoffen; die Auswertung erfolgte auf der Grundlage von etwa 150000 Daten (Abbildung 15.4).

Intensivfarben

Hellfarben

Dunkelfarben

Unbuntfarben

Abb. 15.4: Aus dem Rotbereich wurden sechs intensive, drei aufgehellte, drei abgedunkelte sowie Grau und Braun gewählt.

Der Test lief nach dem folgendem Schema ab:
– Es musste für jeden der 142 Eigenschaftsbegriffe (Adjektive) eine Farbe gewählt werden, die nach Ansicht der Testperson diese Eigenschaft am besten charakterisiert.

- Es sollten außerdem jeweils drei Lieblingsfarben in absteigender Reihenfolge bestimmt werden.
- Und aus den 14 Farben sollten Frauen ihre drei Lippenstiftfarben wählen (oder welche sie wählen würden). Männer sollten ebenfalls drei Lippenstiftfarben auswählen, die sie Frau empfehlen würden. Die Wahl sollte in absteigender Reihenfolge erfolgen.
- Hinzu kam eine Vielzahl von persönlichen Daten, die für die Testpersonen keinen Zusammenhang zu den Farben aufwiesen.

Die wesentlichen Vorteile dieser Methode lagen darin, dass die Testpersonen gezwungen waren, einen Rotton zu wählen. Bei einer großen Farbpalette (z. B. Farbkreis) wäre eine Zuordnung weniger sicher. Da die angebotenen Rottöne ein komplettes Farbbild von Gelb über Rot bis Blau widerspiegelten, war eine genaue Aussage möglich. Und Zusammenhänge wie „je gelblicher das Rot, desto ..." konnten hergestellt werden.

Zur Bestimmung von Eigenschaften dienten verschiedene Adjektive, auch solche, die nicht in Zusammenhang mit der Farbe Rot stehen. Das war an den Ergebnissen zu erkennen, die zeigten, dass die Gesamtheit der Testpersonen uneinheitlich und jede Farbe fast gleich oft wählte. Beispielsweise wird der Begriff und die Eigenschaft „natürlich" nicht in Verbindung mit Rot gebracht werden. Trotzdem waren die Testpersonen gezwungen, aus den vorgelegten Rottönen einen zu wählen. Da für die meisten Testpersonen kein Zusammenhang zwischen Rot und „natürlich" bestand, wählten sie beliebig. Das zeigte die Verteilung der Zuordnung zu den verschiedenen Rottönen, die nahezu für alle Rotfarben gleich war.

Dagegen stieg bei einem Begriff und einer Eigenschaft wie „sexy" der Zuspruch für bestimmte Rottöne: Es bildeten sich Maxima im Bereich der intensiven Farben beim mittleren Kirschrot und beim Purpurrot. Interessant ist es, dass, wie bei vielen anderen Eigenschaften, die Wahl der „passenden" Farbe auch alters- und geschlechtsabhängig ist. Während Frauen über 50 Purpurrot und Orangerot für „sexy" halten, beurteilen Männer der gleichen Altersgruppe Purpurrot und Kirschrot als „sexy" (Abbildung 15.5).

Farbwahl, auch nach Geschlecht und Alter

Einige Ergebnisse werden in den nachfolgenden Abbildungen vorgestellt. Jeweils vier Abbildungen sind zusammengestellt: Links oben wird die allgemeine Farbwahl für eine Eigenschaft gezeigt, rechts oben die Wahl der Frauen, darunter links die Wahl der Männer über 50 und rechts daneben die Wahl der Frauen über 50 (Abbildungen 15.6, 15.7, 15.8, 15.9, 15.10, 15.11).

Farbwahl basierend auf der Lippenstiftfarbe

Die Auswertungen können auch anhand der gewählten Lippenstiftfarbe gemacht werden. Die Abbildungen zeigen jeweils links oben die allgemeine Farbwahl. Rechts oben

Abb. 15.5: Diese Farbentafel lag den Testpersonen vor. Die Farben waren mit Buchstaben gekennzeichnet.

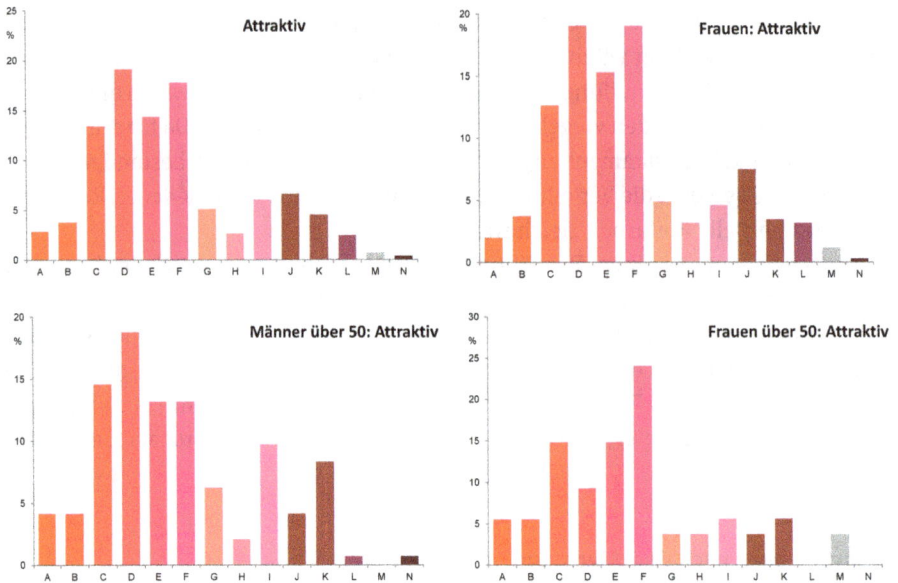

Abb. 15.6: Als attraktiv wird besonders der Farbbereich vom Kirschrot bis zum Pinkrot sowie auch deren pastellfarbene Varianten angesehen. Frauen zeigen eine ähnliche Farbwahl, während Männer über 50 eher das Kirschrot (D) und Frauen über 50 das Pinkrot (F) als attraktiv wählen.

wird die Wahl derer dargestellt, die Orangerot oder die entsprechende Pastellfarbe als Lippenstift gewählt haben, unten jeweils die Farbwahl derjenigen, die sich für Pinkrot oder Pastellpink sowie für eine der drei Pastellfarben als Lippenstiftfarbe entschieden haben (Abbildungen 15.12, 15.13, 15.14, 15.15).

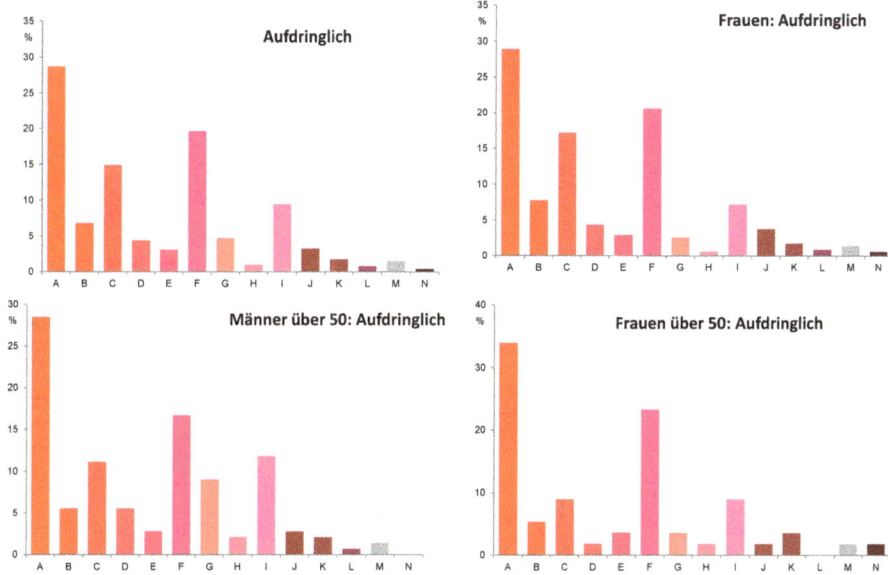

Abb. 15.7: Als aufdringlich werden Orangerot (A), Pinkrot (F) und mit Abstand Pastellpink (I) gesehen, auch bei Männer und Frauen über 50.

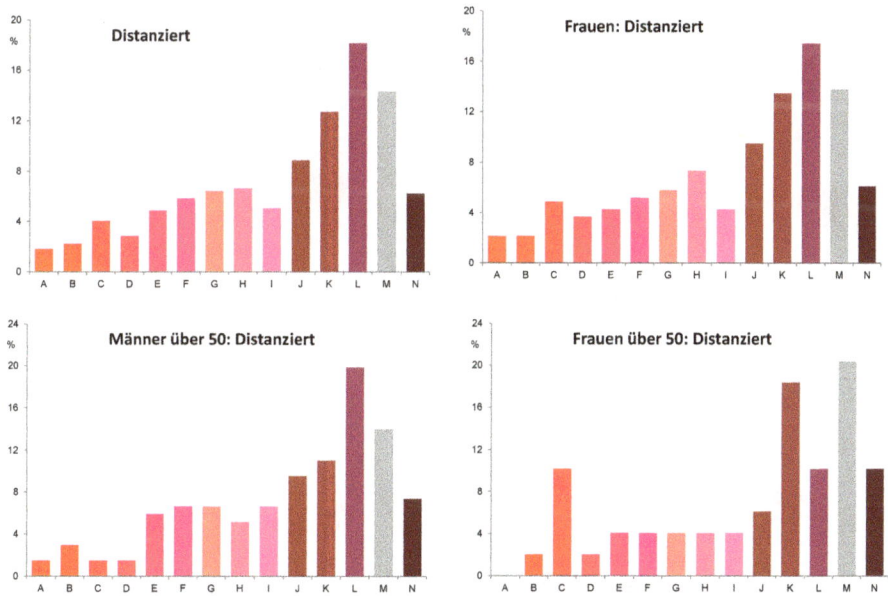

Abb. 15.8: Eindeutig im dunkleren Bereich liegen die Wahlen für die Eigenschaft distanziert.

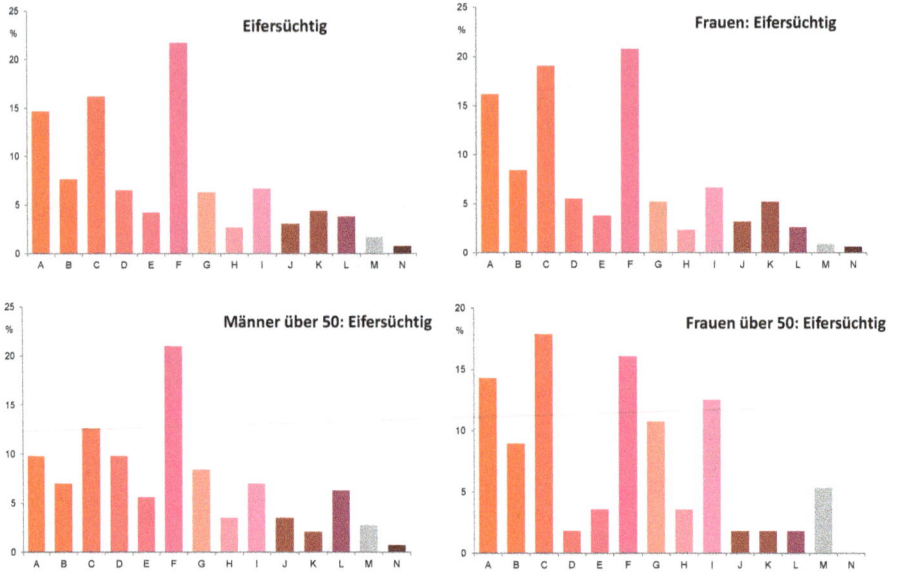

Abb. 15.9: Stark eifersüchtig machen die Farben Orangerot (A), Mittelrot (C) und Pinkrot (F). Erst im Alter treten bei Frauen über 50 auch die Pastellfaben nach vorne.

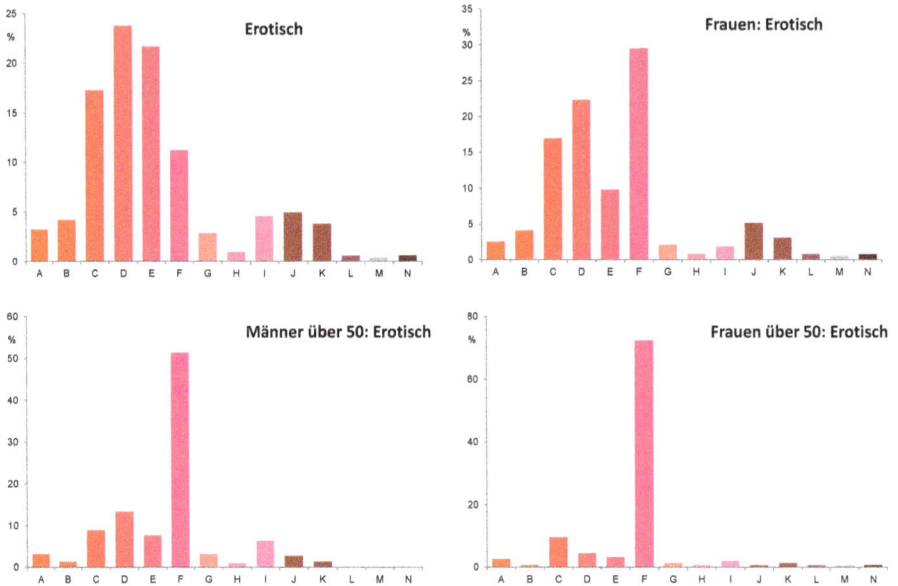

Abb. 15.10: Welche Farbe wirkt erotisch? Bei der allgemeinen Wahl liegt Kirschrot (D), gefolgt von seinen Nachbarfarben (C,E) vorne. Frauen bevorzugen eher Pinkrot. Bei der Personengruppe über 50 steht eindeutig Pinkrot (F) als erotische Farbe.

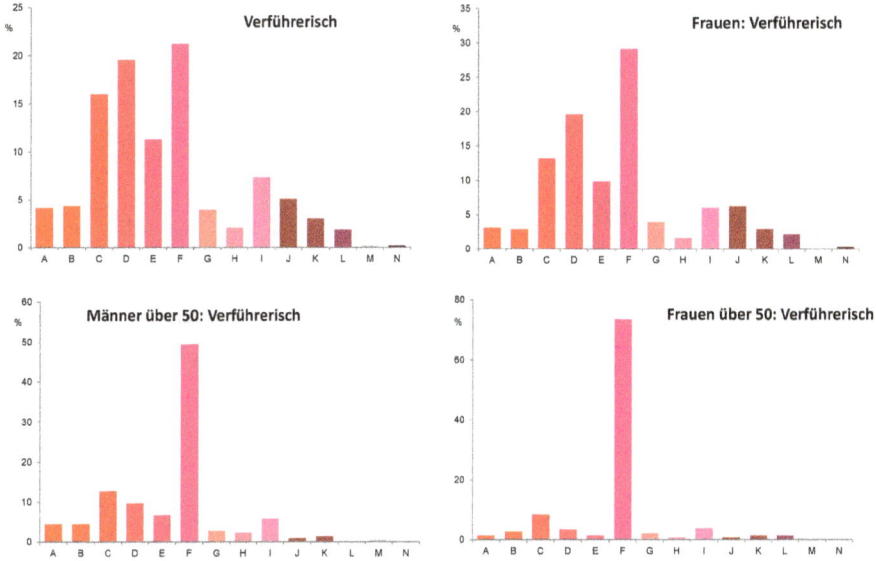

Abb. 15.11: Pinkrot (F) gilt extrem als verführerisch, insbesondere bei Frauen und Männer über 50 Jahre.

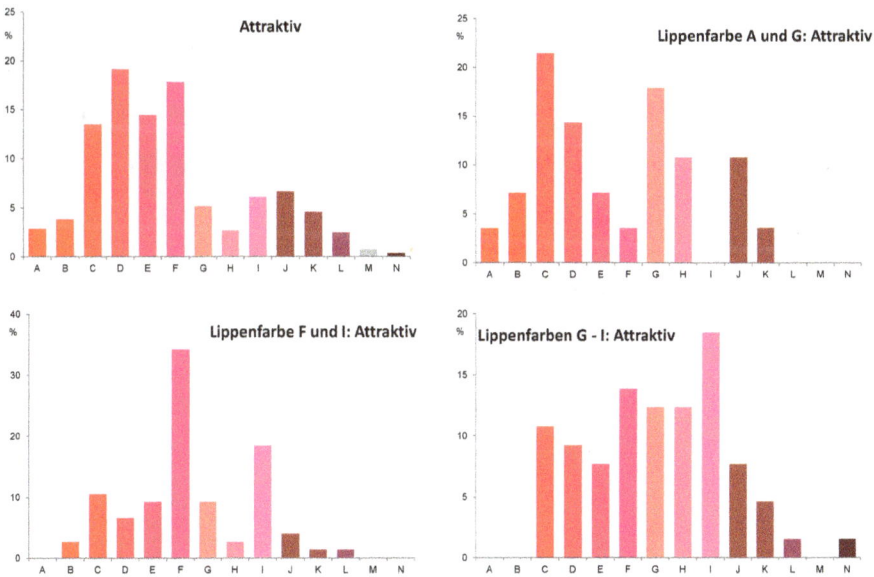

Abb. 15.12: Was als attraktiv gesehen wird, hängt von der Wahl der Lippenstiftfarbe ab. Deutlich erscheint dieses bei den Lippenstiftfarben Pinkrot und seiner Pastellkomponente (F und I), aber auch bei den anderen Pastellfarben. Hier werden die gewählten Lippenstiftfarben als attraktiv angesehen.

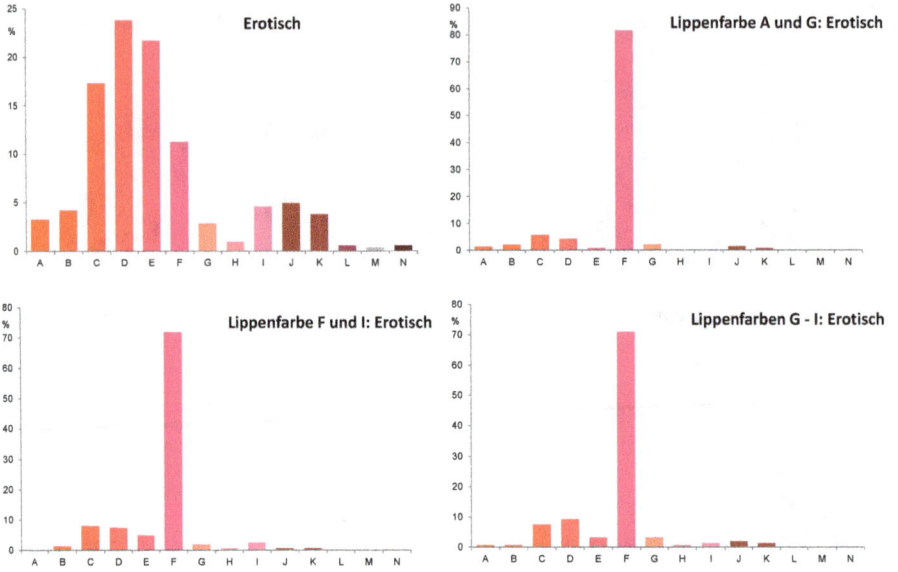

Abb. 15.13: Im allgemeinen werden verschiedene Rottöne als erotisch empfunden. Wer eine der hier vorgestellten Lippenstiftfarbe wählt, sieht insbesondere Pinkrot (F) als erotisch an.

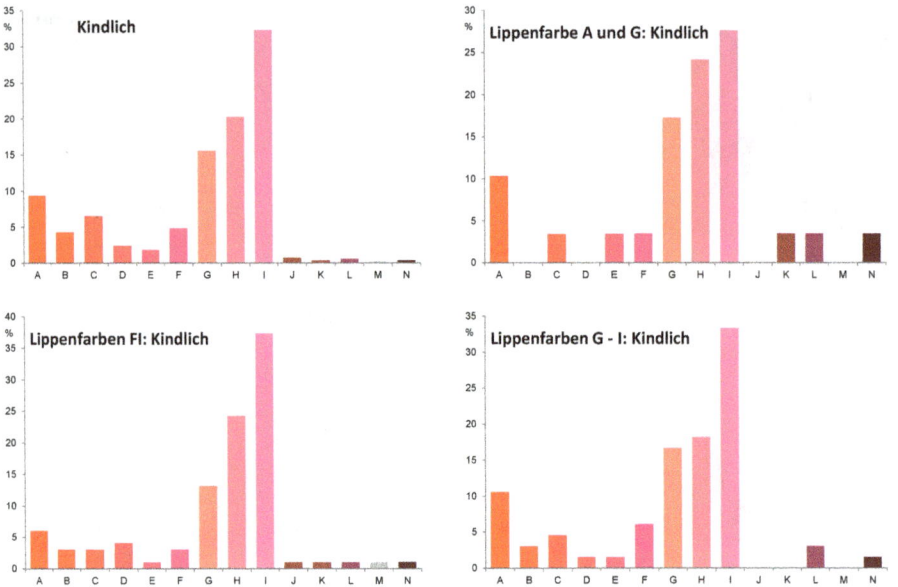

Abb. 15.14: Auch diejenigen, die eine Pastellfarbe (G, H, I) als Lippenstiftfarbe gewählt hat, stufen diese als kindlich in ihrer Wirkung ein.

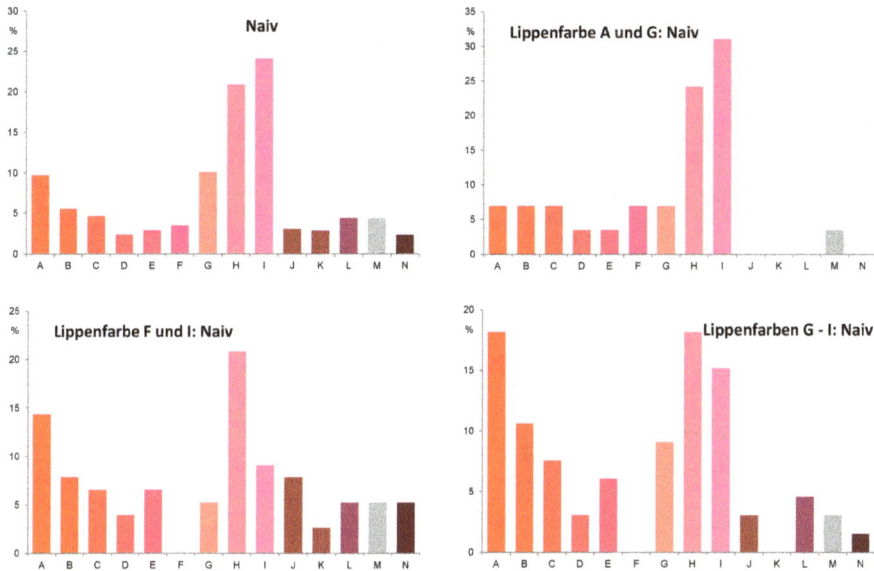

Abb. 15.15: Wer Orangerot oder deren Pastellfarbe als Lippenstiftfarbe bevorzugt, verbindet diese nicht mit der Eigenschaft naiv. Diejenigen mit einer Pastellfarbe als Lippenstiftfarbe stufen diese als naiv ein.

Eigenschaften bezogen auf die Farben

In den nächsten Darstellungen werden die Eigenschaften aufgeführt, die Frauen und Männer bei einer Farbe gewählt haben, und zwar in absteigender Reihenfolge. Hier zeigen sich interessante Unterschiede (Abbildungen 15.16, 15.17).

Der entscheidende „Trick", um an die verschiedenen Bilder heranzukommen, waren die Fragen nach den Lieblings- und Lippenstiftfarben. Es sollten in beiden Gruppen (Frauen und Männer) jeweils drei Farben in absteigender Reihenfolge genannt werden. Männer sollten aus der Gruppe der vierzehn vorgelegten Farben diejenigen auswählen, die sie Frauen als Lippenstiftfarben empfehlen würden.

15.2.1 Lieblingsfarbe

Die Lieblingsfarben spiegeln die inneren Charakterwerte wider, wie sie im ersten Bild festgelegt sind. Mit der Wahl der Lieblingsfarben legten die Testpersonen unbewusst die im ersten Bild gespeicherten Eigenschaften offen (wie bin ich?) (Abbildung 15.18).

15.2.2 Lippenstiftfarbe

Die Wahl der Lippenstiftfarben weist auf die Selbstdarstellung und -wahrnehmung, d. h. wie möchte ich gesehen werden? Hier wählt jedes Individuum die Farben, die

Männer

Aufdringlich	Freudig	Feurig	Liebend	Romantisch	Extravagant
Laut	Sommerlich	Heiß	Warm	Charmant	Aufregend
Aggressiv	Lustig	Freudig	Erotisch	Leidenschaftlich	Modisch
Giftig	Jugendlich	Aktiv	Leidenschaftlich	Leidenschaftlich	Erotisch
Hektisch	Hektisch	Lebendig	Glücklich	Warm	Verführerisch
Sommerlich	Hektisch	Wütend	Sexy	Stolz	Leidenschaftlich
Neidisch	Vergnüglich	Dynamisch	Attraktiv	Harmonisch	Leidenschaftlich
Billig	Optimistisch	Aufregend	Liebevoll	Vollkommen	Eifersüchtig
Gefährlich	Gesellig	Aufregend	Verliebt	Gesellig	Sexy
Gefährlich	Aktiv	Verliebt	Vollkommen	Attraktiv	Phantasievoll

Weich	Leicht	Kindlich	Herbstlich	Schwer	Unsicher
Zart	Zart	Verspielt	Schwer	Ruhig	Zurückgezogen
Empfindlich	Empfindlich	Süß	Gemütlich	Teuer	Distanziert
Frühlingshaft	Frühlingshaft	Zart	Männlich	Hart	Einsam
Leicht	Leicht	Frühlingshaft	Zuverlässig	Vollkommen	Kühl
Natürlich	Natürlich	Naiv	Harmonisch	Luxuriös	Unglücklich
Sanft	Sanft	Unnatürlich	Teuer	Traurig	Altmodisch
Kindlich	Kindlich	Träumerisch	Warm	Elegant	Geizig
Sommerlich	Sommerlich	Weiblich	Sicher	Herbstlich	Still
Sauber	Sauber	Lieblich	Ruhig	Treu	Langweilig

Abb. 15.16: Die gewählten Eigenschaften einer Farbe sind in absteigender Reihenfolge zusammengestellt. Hier die Wahl der Männer.

Frauen

Laut	Hektisch	Heiß	Liebevoll	Charmant	Erotisch
Aggressiv	Freudig	Feurig	Vollkommen	Vollkommen	Verführerisch
Aufdringlich	Lustig	Freudig	Liebend	Attraktiv	Originell
Neidisch	Sommerlich	Lebendig	Warm	Stolz	Aufregend
Giftig	Angeberisch	Aufregend	Erotisch	Elegant	Extravagant
Billig	Angeberisch	Aktiv	Feurig	Sicher	Sexy
Hektisch	Jugendlich	Leidenschaftlich	Glücklich	Leidenschaftlich	Modisch
Bedrohlich	Lebendig	Begierig	Verführerisch	Gesellig	Eitel
Unnatürlich	Optimistisch	Mutig	Sexy	Liebend	Begierig
Sommerlich	Aktiv	Vergnüglich	Gut	Klug	Fortschrittlich

Weich	Zart	Kindlich	Herbstlich	Schwer	Still
Leicht	Leicht	Verspielt	Schwer	Herbstlich	Unsicher
Frühlingshaft	Frühlingshaft	Süß	Männlich	Winterlich	Zurückgezogen
Empfindlich	Empfindlich	Naiv	Zuverlässig	Schmollend	Altmodisch
Natürlich	Natürlich	Lieblich	Gemütlich	Hart	Bieder
Zart	Zart	Frühlingshaft	Warm	Luxuriös	Bescheiden
Unschuldig	Unschuldig	Zart	Treu	Teuer	Distanziert
Sanft	Sanft	Träumerisch	Hart	Distanziert	Einsam
Sauber	Sauber	Unnatürlich	Vollkommen	Mittelmäßig	Langweilig
Leise	Leise	Jugendlich	Klug	Ruhig	Alt

Abb. 15.17: Frauen wählen ähnlich wie Männer, wobei die Reihenfolge nicht die gleiche ist.

es für seine Darstellung nach außen (also das dritte Bild) für optimal hält (Abbildung 15.19).

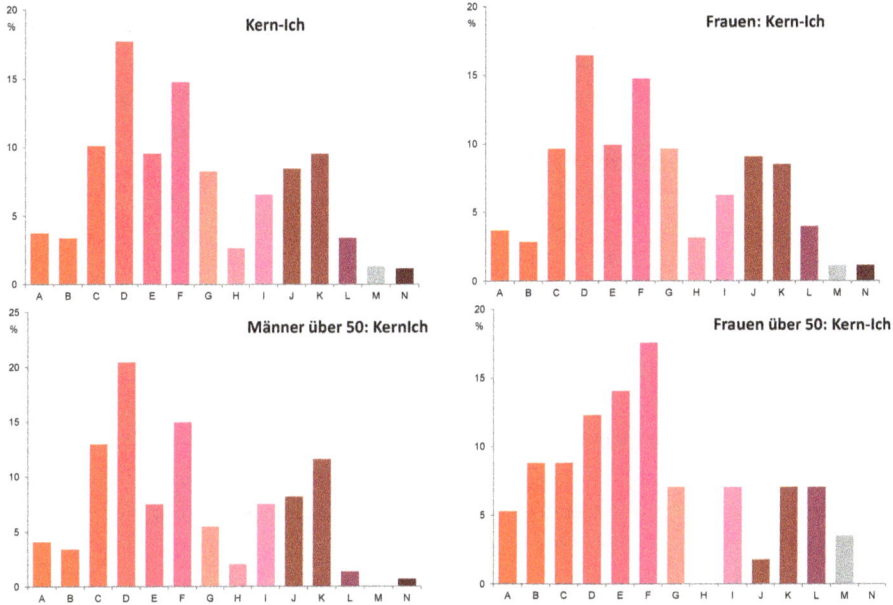

Abb. 15.18: Die Verteilung der Lieblingsfarben: allgemein, Frauen, Männer über 50 und Frauen über 50. Die Lieblingsfarben spiegeln das 1. Bild, das Kern-Ich wider.

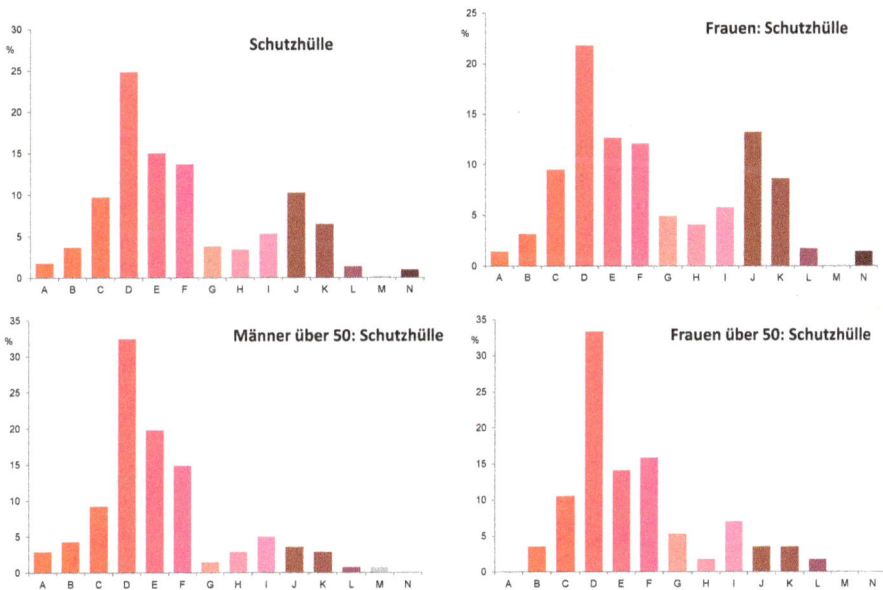

Abb. 15.19: Deutlich sind Unterschiede zur Darstellung des 1. Bildes zu erkennen: Mit der Lippenstiftfarbe wird die Selbstwahrnehmung (Schutzhülle), das 3. Bild aufgezeigt.

Anzumerken ist noch, dass viele weibliche Testpersonen vor dem Test behaupteten, ganz unterschiedliche Lippenstiftfarben zu besitzen. Die Auswertung aller Tests hat aber gezeigt, dass keine weibliche Testperson gegensätzliche Lippenstiftfarben hatte, d. h. nicht einen orange- und einen pinkroten Lippenstift. Eher hatten sie Helligkeitsabstufungen aus einem Farbbereich wie Orangerot oder Pinkrot. Diese Erkenntnis ist insofern interessant, weil sie die Selbstwahrnehmung und Selbstdarstellung zeigt verbunden mit der farblichen Einschätzung der eigenen Lippenstiftfarben.

15.2.3 Außenwahrnehmung

Das vierte Bild, die Außenwahrnehmung, wird bestimmt durch die Wahl aller Testpersonen. Hier können Eigenschaften und Begriffe mit unterschiedlichen Farben belegt werden. Dies ist insofern klar und richtig, da hier allgemeine Entscheidungen getroffen wurden. Im Gegensatz hierzu ist die Wahl der Lieblings- und Lippenstiftfarben individuell und von Person zu Person verschieden.

Bei der Auswertung der Ergebnisse wurden nicht nur 1:1-Übereinstimmungen gesucht, sondern auch nachbarschaftliche oder verwandte Farben berücksichtigt. Wählte eine Testperson das Purpurrot als Lieblingsfarbe und das aufgehellte Purpurrot bei einer Eigenschaft, so wurde ein Zusammenhang von 80 % festgelegt. Der gleiche Wert wurde für den benachbarten Rotton zugrunde gelegt.

Die Zuordnung erfolgte durch die Testpersonen selbst, so dass in gewisser Weise ein Psychogramm der einzelnen Personen entstand.

Beispiel 1. Die Testperson wählt bei der Eigenschaft „sexy" das Purpurrot sowohl als Lippenstift- als auch als Lieblingsfarbe. Damit würde der innere Charakter (Kern-Ich und Selbstwahrnehmung) mit der Außendarstellung übereinstimmen. Würden die Mitmenschen die Testperson genauso einstufen, wäre die Darstellung perfekt.

Die Übereinstimmung des Kern-Ichs mit der Selbstwahrnehmung kann auch ein Zeichen für einen ausgeglichenen Charakter sein, mindestens für die gewählte Charaktereigenschaft (Abbildung 15.20).

Beispiel 2. Hier stimmt der innere Charakter (Bild 1 und Bild 2) nicht mit der Darstellung nach außen überein (Abbildung 15.21).

Würde die Testperson beim Begriff „sexy" das Purpurrot als Lippenstiftfarbe wählen, würde keine Übereinstimmung mit der Lieblingsfarbe Orangerot bestehen, die das Kern-Ich widerspiegelt. Da die beiden Farben nicht übereinstimmen, wird diese innere Eigenschaft nicht nach außen kommuniziert.

Würden die meisten Testpersonen dann ein anderes Rot für die Eigenschaft „sexy" wählen, entstünde ein Wirrwarr. Die Testperson zeigt mit der Wahl der Lieblingsfarbe die Charaktereigenschaft des ersten Bildes. Mit der abweichenden Wahl bei der Lippenstiftfarbe signalisiert sie einen anderen Eindruck. Die Mehrzahl der Mitmenschen hätte allerdings auch einen anderen Eindruck von der Testperson.

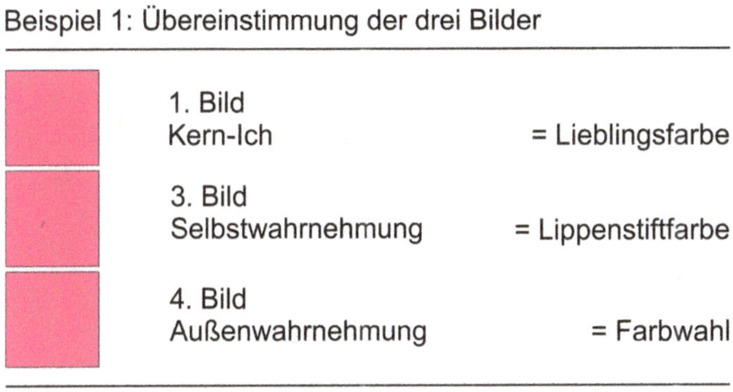

Beispiel 1: Übereinstimmung der drei Bilder

1. Bild
Kern-Ich   = Lieblingsfarbe

3. Bild
Selbstwahrnehmung   = Lippenstiftfarbe

4. Bild
Außenwahrnehmung   = Farbwahl

Abb. 15.20: Das erste Beispiel zeigt gleiche Farbwahl der Testperson: Hier stimmen das Kern-Ich und die Selbstwahrnehmung mit der Wahrnehmung einer anderen Person überein.

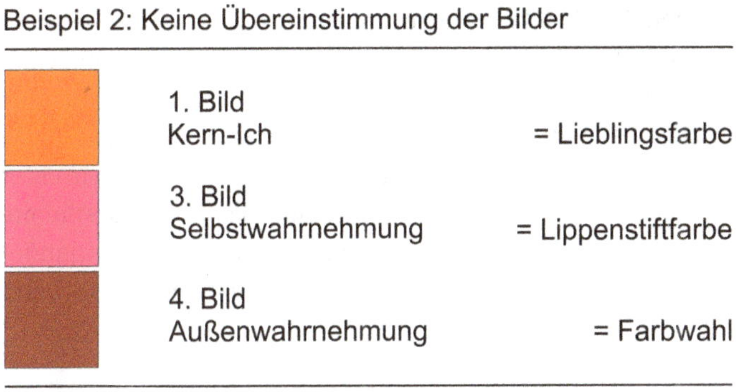

Beispiel 2: Keine Übereinstimmung der Bilder

1. Bild
Kern-Ich   = Lieblingsfarbe

3. Bild
Selbstwahrnehmung   = Lippenstiftfarbe

4. Bild
Außenwahrnehmung   = Farbwahl

Abb. 15.21: Alle drei gewählten Farben sind unterschiedlich: Das Kern-Ich „passt" nicht zur Selbstwahrnehmung. Und die Wahrnehmung der Umgebung ist in diesem Fall auch konträr.

Beispiel 3. Die Abweichung zwischen der gewählten Lieblingsfarbe und der Lippenstiftfarbe betrifft zunächst nur die Testperson selbst. Da die Mehrzahl der Testpersonen bei der gewählten Eigenschaft die gleiche Farbe wie die Lippenstiftfarbe gewählt hat, gibt es hier keine Diskrepanzen. Die Illusion ist perfekt! Nach außen zeigt die Testperson eine Charaktereigenschaft, die sie im Inneren nicht hat (erstes Bild <–> drittes Bild, Lieblingsfarbe <–> Lippenstiftfarbe). Da die Personen im Umfeld nicht ins erste Bild schauen können, sondern nur das dritte Bild sehen, passt hier die aufgebaute Illusion perfekt zur Außenwahrnehmung (Abbildung 15.22).

Mit dieser Darstellung in Bilder werden Verbindungen und Kommunikation verständlicher. Vor allen Dingen zeigen sie auch die Illusionen auf, die wir mit Hilfe der bewusst und unbewusst eingesetzten Farben erzeugen. Auf der einen Seite haben wir mit unserer Selbstwahrnehmung, die von uns gesteuert und manipuliert werden kann, die Möglichkeit, eine gewünschte Identität durch Farben anzuneh-

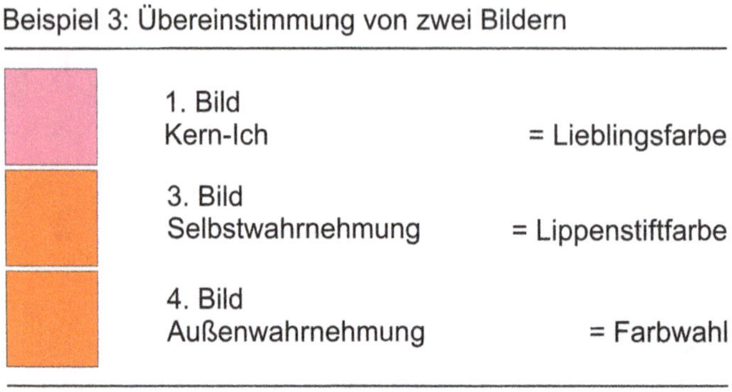

Beispiel 3: Übereinstimmung von zwei Bildern

	1. Bild Kern-Ich	= Lieblingsfarbe
	3. Bild Selbstwahrnehmung	= Lippenstiftfarbe
	4. Bild Außenwahrnehmung	= Farbwahl

Abb. 15.22: Hier „passt" die Selbstwahrnehmung mit der Wahrnehmung der Umgebung. Die Selbstwahrnehmung unterscheidet sich vom Kern-Ich.

men. Da unsere Mitmenschen das Gleiche machen, zeigen sie mit ihrer individuellen Selbstwahrnehmung ebenfalls ihre Identität. Andererseits versuche ich wie auch alle Mitmenschen über die Außenwahrnehmung mit Hilfe von Farben meinen Charakter einzuordnen und eventuelle Reaktionen abzuschätzen. Wollte man die Handlungen in diesem zwischenmenschlichen Spiel bewerten und beurteilen, so wäre man in einer großen Welt voller Farbillusionen, in der jeder jedem und umgekehrt eine bestimmte Darstellung bietet. Man könnte es auch als Spiel bezeichnen, wie wir miteinander umgehen. Aber Illusionen beinhalten mehr als ein Spiel. Ein Spiel wird es erst, wenn wir unsere Farbillusionen für Kommunikation einsetzen.

16 Auch das noch!

16.1 Farben übersetzen

Grundsätzlich kann man jedem Gegenstand eine Farbe zuordnen und damit eine Verbindung schaffen. In Abbildung 16.1 wurde jedem Buchstaben des Alphabets sowie einigen Satzzeichen eine Farbe zugeordnet. Die spezielle Farbwahl ist sekundär, die Farben sollten aber genügend unterscheidbar sein. Schreibt man einen Text, so kann man diesen in Farben übersetzen. Die Variationen sind nahezu beliebig, allerdings sollte man es schaffen, wirklich 26 und mehr verschiedene Farben zu definieren.

Abb. 16.1: Jedem Buchstaben und Zeichen wird eine Farbe zugeordnet. Dann kann man die obigen Farbquadrate lesen.

16.2 Farben in Bewegung

Die bisherigen Betrachtungen beziehen sich auf stationäre Farben. Wir betrachten eine Farbe oder beispielsweise mehrere Farben in einem Bild. Was passiert, wenn sich Farben auf einem bewegten Objekt befinden? Nimmt man das Fellmuster eines Gepards oder Leoparden, so kann man sich seine Tarnung schlecht vorstellen.

Da Farben auch durch schnelle Bewegung von schwarzweißen Mustern entstehen können, wird es beim Anschleichen dieser Tiere auch zu Farbreaktionen kommen, die sie in der umgebenden Landschaft tarnen. Endgültige Aussagen sind allerdings kritisch zu betrachten, weil sie sich gegenüber ihren "Opfern" tarnen und wir nicht wissen, wie deren Augen auf die Tarnmuster reagieren oder auch nicht.

https://doi.org/10.1515/9783110793918-016

16.3 Mimikry

Wenn jemand das Muster eines anderen übernimmt, will er damit auch sich selbst dessen Charakter und Eigenschaften einverleiben. Das funktioniert gut in der Tierwelt, in der beispielsweise Schwebfliegen das Farbmuster von Wespen oder Hummeln übernehmen und sich so schützen. Beispielsweise ähnelt die ungiftige Milchschlange mit ihrem Farbmuster – schwarz-rot-weiße Ringe – der giftigen Korallenschlange.

Auch im menschlichen Bereich finden sich Beispiele von Mimikry: Viele Ordnungskräfte der Städte sind gekleidet wie "echte" Polizisten. Auch die Fahrzeuge sind oft "nachgemacht", um mehr Eindruck zu erwecken.

16.4 Unsichtbares sichtbar machen

Unsichtbare Strahlen aus dem IR-Bereich lassen sich sichtbar machen: Man nehme eine TV-Fernbedienung, halte sie vor eine digitale Kamera (Smartphone) und löse eine Funktion aus. Man erkennt das IR-Licht auf dem Display der Kamera als weißes Licht (Abbildung 16.2).

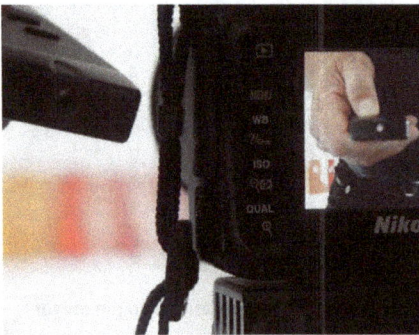

Abb. 16.2: Die IR-Strahlen der Fernbedienung (links) sind für uns unsichtbar. Mit einer digitalen Kamera lassen sie sich „sehen".

16.5 Aurum magicum

Wegen der hohen Anziehungskraft wurde immer wieder versucht, Gold künstlich herzustellen. Im Mittelalter beschäftigten sich die Alchemisten in vielen erfolglosen Experimenten damit, das Gold auf irgendeinem Weg herzustellen (z. B. aus Knabenharn). Im Mittelalter glaubte man, dass man ein Element in ein anderes überführen könne, wenn man dessen Eigenschaften ändert. So wurde die gelbe Farbe von Kupfersulfid der Goldfarbe gleichgesetzt. Es müsste nur das Gediegene vom Gold durch Umwandlung erreicht werden.

Neben diesen erfolglosen Experimenten gab es zahlreiche Versuche, mit Hilfe derer vermeintliches Gold hergestellt werden sollte. Hierzu zählt auch "aurum magicum", magisches Gold, das ich auf der Grundlage von Interferenzpigmenten hergestellt habe (Abbildung 16.3). Ich hatte die Lizenz zur Herstellung als Autolack an einen Chemiekonzern vergeben. In dieser Farbe hatte ich einen VW-Golf umlackieren lassen. Im Vergleich zu einem Fahrzeug mit echtem Goldpulver wurde das Gold des Golfs als das Echte wahrgenommen (Abbildung 16.4). Das lag sicherlich auch daran, dass das "aurum magicum" von Bleichgold nach Rotgold changierte. Ein Highlight war ein Foto, auf dem ein Regenbogen vom Dach des goldenen Golfs aufsteigt (Abbildung 16.5). Wie im Märchen: Wo der Regebogen aufhört, findet man einen Kessel voll Gold. Und hier: Wo der Regenbogen aufhört, fängt das "aurum magicum" an!

Abb. 16.3: Was ist Gold? Erste Versuche, um die Rezeptur für „aurum magicum" zu auszuwählen.

16.6 Ganz weiß

Im Mittelalter spielte für die meisten Menschen die Farbe ihrer Kleidung eine untergeordnete Rolle. Ausnahmen galten für die Gewänder der weltlichen und geistlichen Oberhäupter.

Erst durch die Herstellung von weißer Ware (bezogen auf die Kleidung) wurde deren Reinheit postuliert. Mit viel Seife und Wasser sollten die entsprechenden Kleidungsstücke möglichst rein erscheinen. Um nicht komplette Hemden immer wieder waschen zu müssen, wurden Kragen und Manschetten separat angefertigt und getragen.

Auch heute noch scheinen Kragen und Manschetten von Hemden (aber auch von Blusen) am ehesten zu "vergilben". Aber auch das komplette Hemd unterliegt Vergil-

Abb. 16.4: Das „aurum magicum" fällt sofort gegenüber anderen Goldfarben auf. Diese enthalten Aluminiumteilchen, die über ihre graue Eigenfarbe nicht hinauskommen.

Abb. 16.5: Fast wie im Märchen: Wo der Regenbogen aufhört, fängt das „aurum magicum" an!

bungen. Da kam man – vor der Erfindung der modernen Waschmittel – auf die Idee, dem Waschgang ein blaues Pigment zuzufügen. Noch heute wird das Pigment Ultramarinblau als Wäscheblau angeboten.

Reflexionsmessungen an gleichen Stellen eines Hemdes zeigen den Effekt von Wäscheblau: Im blauen Spektralbereich wird die Reflexion angehoben und somit ein weißerer Eindruck erzeugt. Interessanterweise ist ein chinesisches Hemd aus

Shanghai noch weißer als das mit Zusatz von Ultramarinblau gewaschene (Abbildung 16.6).

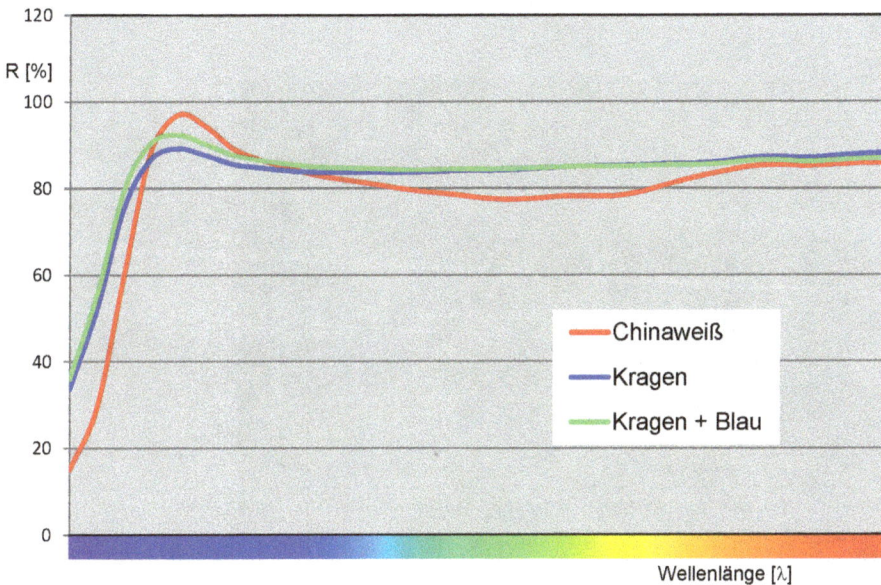

Abb. 16.6: Für unser Empfinden strahlen weiße Hemden, wenn ihre Reflexion im blauen Spektralbereich angehoben ist. Ansonsten wirken sie vergilbt (= höherer Gelbanteil). Die Reflexionskurven nach der Wäsche mit Wäscheblau (Ultramarinblau) und des chinesischen Hemdes sind im blauen Spektralbereich angehoben, weswegen sie heller und weißer wirken.

16.7 Grün natürlich natürlich

Grün ist in unserer Umgebung omnipräsent. Besonders im Frühling fällt es auf, wenn die Pflanzen wieder "zum Leben erweckt" werden. Es ist das Chlorophyll in den Blättern, welches für die grüne Farbgebung verantwortlich ist.

Chlorophyll existiert in verschiedenen Varianten, wobei die Varianten A und B eine Hauptrolle spielen. In wissenschaftlichen Veröffentlichungen werden in der Regel Absorptionsspektren gezeigt. Hier werden die Chlorophylle extrahiert, mit Lösemittel versetzt und in eine Glasküvette gefüllt. Gemessen werden die spektralen Anteile, die die Küvette passieren, wenn sie mit definiertem Licht beleuchtet wird.

Anhand der Absorptionsspektren erkennt man zwei Maxima, eines unterhalb von 500 nm im blauen Spektralbereich und eines zwischen 600 und 700 nm im roten Spektralbereich. Im grünen Spektralbereich finden demnach Reflexionen statt.

Eine Messung bestimmt die Reflexionen, die beim Beleuchten eines Musters entstehen. Aus diesem Grund habe ich Messungen an verschiedenen Blättern und grünen

Lebensmitteln vorgenommen. Deutlich sind jeweils die Reflexionen im grünen Spektralbereich zu erkennen. Interessant ist der steile Anstieg der Reflexionen am roten Ende des Spektralbereiches. Hier werden die roten Lichtstrahlen und auch die IR-Strahlen reflektiert, um ein "Verbrennen" der Pflanze zu verhindern (Abbildung 16.7).

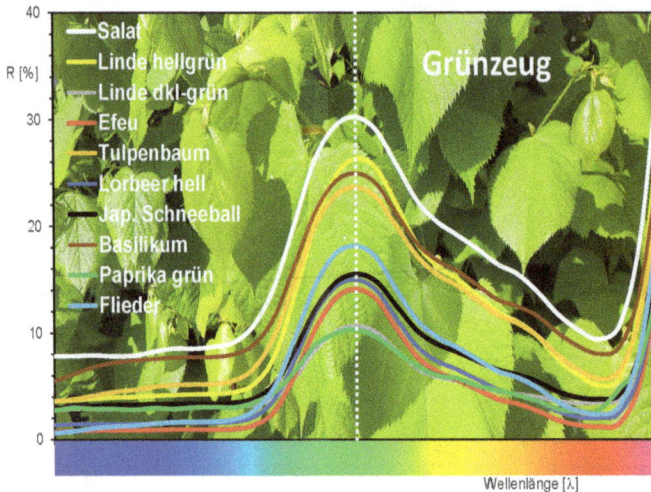

Abb. 16.7: Interessanterweise besitzen alle gemessenen Grüns der Salate und Blätter bei 550 nm (Nanometer = 10^{-9} Meter) ein Reflexionsmaximum (= Grün). Zum Infraroten steigen ihre Reflexionswerte drastisch an und bleiben dann auf hohem Niveau. Zwischen 550 nm und 700 nm absorbieren Pflanzen für die Chlorophyll-Synthese.

16.8 Farben- und Lackspiele 1

Farben entstehen durch Pigmente, die man in ein Medium wie Lack einarbeitet. Dabei sind Farb- und Lackspielereien keine Grenzen gesetzt.

Die hier gezeigten Bilder entstanden jeweils mit verschiedenen Lacken: Autolacke, Industrielacke, Elektroisolierlacke usw. Die Lackarbeiten hatten eine Größe von etwa 5 × 5 cm. Zu einer "Grundfarbe" wurden mehrere Farben zugefügt und durch leichtes Schütteln vermischt (Abbildungen 16.8, 16.9, 16.10, 16.11).

16.9 Farben- und Lackspiele 2

Wie im Vorwort erwähnt, habe ich mich intensiv mit der Gestaltung mit Farben und Lacke beschäftigt. Immer standen Ideen hinter diesen Arbeiten: Beispielsweise die Farben eines Farbkreises zu nehmen, der hälftig nach innen verdreht war. Oder auch mit Materialien zusätzliche Effekte zu erzielen. Oder weißen Unterbodenschutz so auf-

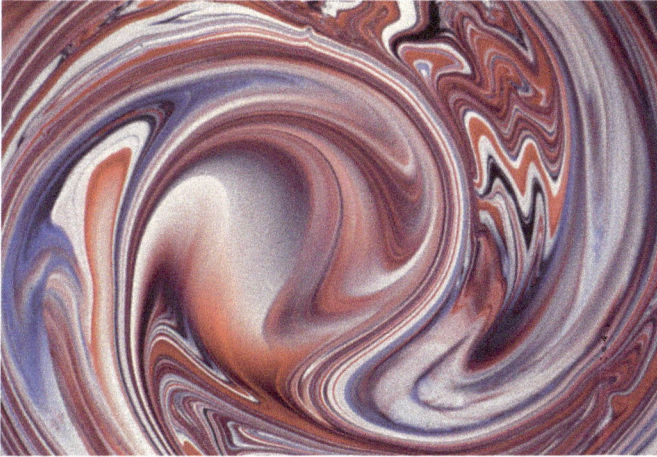

Abb. 16.8: Die Bilder der Lackspielereien sind im Original nur wenige Quadratzentimeter groß.

Abb. 16.9: Verschiedene Lackmaterialien sind zu den Kompositionen benutzt worden.

zuspritzen, dass die Fläche wie eine Raufasertapete aussah – so konnte der Eindruck einer glitzernden Wasseroberfläche erzielt werden.

16.10 Farben- und Lackspiele 3

Besprüht man Tonnen in verschiedenen Farbkombinationen, ergeben sich interessante Effekte. Allerdings ist die Lackierung solcher Tonnen sehr aufwendig: Zunächst müssen sie gereinigt, dann grundiert und danach gefüllt werden. Mit Unifarben (ohne Effekt) wird dann in einem Spritzgang der Lack aufgetragen. Bei Effektlacken wird

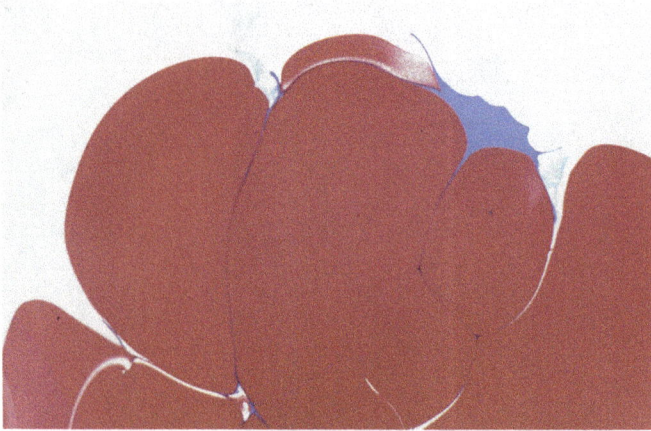

Abb. 16.10: Grundfarbe ist ein weißer Lack, in den etwas roter und blauer Lack gegeben wurde.

Abb. 16.11: Hier sind Elektroisolierlacke kombiniert worden.

zunächst der sogenannte Basislack und danach der schützende Klarlack aufgetragen (Abbildung 16.12).

16.11 Farben- und Lackspiele 4

Ich hatte einen weißen Golf gekauft und kam auf die Idee, die weiße Motorhaube mit Streifen von Rot bis Weiß zu lackieren – so wie man Pigmente zum Prüfen im Lack abmischt. Nach wenigen Wochen hatte ich einen Unfall, worauf ich eine neue Haube bekam, die ich mit blauen Streifen lackierte. Danach bekam ich von Volkswagen immer wieder Motorhauben, die für Lacktests benutzt und aus lackierten Karossen

Abb. 16.12: Was Farben ausmachen: Ein „Tonnenturm" mit verschiedenen Graufarben zwischen Weiß und Schwarz. Als „Krönung" jeweils eine blaue und rote Tonne.

ausgebaut worden waren. Zunächst benutzte ich die gestalteten Motorhauben für meinen Golf – bevor er komplett umlackiert wurde, besaß ich 22 Motorhauben. Danach hatte ich die Idee, Motorhauben sozusagen als Leinwände zu nutzen. Heute hängen einige bei mir im Atelier, bei meinem Sohn und auch im Museum in Wolfsburg (Abbildungen 16.13, 16.14, 16.15, 16.16).

Abb. 16.13: Kreative Gestaltung einer Motorhaube.

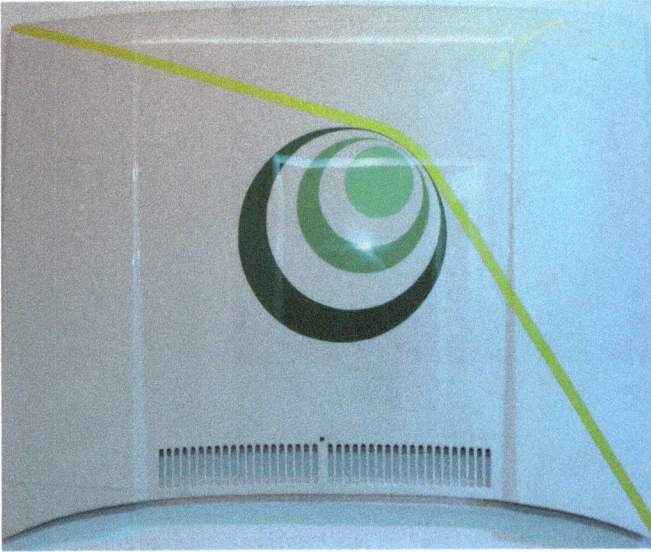

Abb. 16.14: Eine Superausführung auf einer Motorhaube.

Abb. 16.15: Verschiedene Gestaltungen auf Motorhauben.

16.12 Farben- und Lackspiele 5

Mit Lack lässt sich fast alles bearbeiten: Ich hatte die Idee, Deckel von Lackdosen zu verwenden (Abbildung 16.17). Eine Serie wurde zunächst mit weißem Lack einge-

Abb. 16.16: Ausführung einer Kreation: Zunächst wurde die Motorhaube weiß lackiert. Danach wurden freihändig Farbstreifen lackiert. Anschließend wurden dreieckige, selbstklebende Folien in freier Zusammenstellung aufgesetzt. Und danach wurde die gesamte Motorhaube in Schwarz lackiert. Nach Entfernen der Klebefolien wurde die Gestaltung sichtbar.

sprüht. Etwas bunter Lack wurde auf den weißen gegeben und durch Schütteln und Kippen bunte Formen erzielt. Danach wurden diese Farbenspiele mit Klarlack überzogen.

Bei der zweiten Serie wurden die Dosendeckel zunächst schwarz lackiert. Bei einigen Deckeln streute ich Pulver von Interferenzpigmenten (Effektpigmenten) auf den schwarzen Lack, bei anderen trug ich Lack mit Interferenzpigmenten auf. Alle Deckel wurden mit Klarlack versiegelt.

Die Deckel dienen als Untersetzer für Trinkgläser, die größeren für Flaschen.

16.13 Farben- und Lackspiele 6

Die schönsten Ergebnisse werden mit Lackierungen von Kugeln erzielt. Sie lassen sich vielfältig in der Natur platzieren und fotografieren (Abbildung 16.18). Farbliche gestaltete Styroporkugeln schwimmen (Abbildung 16.19) oder können als mobile Dekoration in Wohnungen verwendet werden (Abbildung 16.20).

Abb. 16.17: Deckel als Untersetzer mit Bunt- und Effektfarben (unten).

16.14 Unsichtbare Strahlen

Dieses Buch handelt von den sichtbaren Strahlen. Es gibt jedoch auch für unsere Auge unsichtbare Strahlen, die Einfluss auf unser Leben nehmen. Gemeint sind die Strahlen über die jeweiligen Spektrumsenden, die infraroten und die ultravioletten Strahlen.

Infrarote Strahlen findet man definitionsgemäß bei Wellenlängen oberhalb von 700 bzw. 780 nm. Man unterscheidet je nach Wellenlängenbereich IR-A, IR-B und fernes Infrarot IR-C. Die Strahlen erhöhen die Temperatur, weswegen sie oft auch als Wärmestrahlen bezeichnet werden. Infrarote Strahlen werden beispielsweise bei Fernbedienungen eingesetzt. Auch in Nachtsichtgeräten finden sie Anwendung.

Ultraviolette Strahlen sind im Gegensatz zu den infraroten sehr energiereich. Sie können Pigmente – insbesondere organische – zerstören, weshalb man Bilder, Teppiche und andere Gegenstände möglichst vor ihnen schützen sollte.

Abb. 16.18: Rote Tagesleuchtfarbe auf einer Kugel.

Abb. 16.19: Bunte Kugeln fließen dahin!

UV-Strahlen regen die Vitamin-D-Produktion in unserem Körper an, weswegen sie auch nützlich sind. Sie können aber auch unsere Haut reizen, was zur Rötung führen

Abb. 16.20: Kugeln in Tagesleuchtfarben als mobile Dekoration.

kann. Auch hierbei hat sich der menschliche Körper auf die örtlichen Gegebenheiten eingestellt: Während die Aborigines in Australien einen mehr oder weniger starken Schutz durch ihre Hautfarbe entwickelt haben, leiden die weißen Zuwanderer häufig an Hautkrebs, der durch die UV-Strahlen hervorgerufen wird. Die südliche Erdhalbkugel ist aufgrund der Neigung der Erdachse näher zur Sonne und erhält deswegen einen höheren UV-Anteil von der Sonnenstrahlung.

Viele „bleiche" Menschen – vor allen Dingen Frauen – neigen im Frühjahr dazu, sich in einem Sonnenstudio „vorzubräunen". Die meisten „Vorbräuner" wissen nicht, dass es – auch im UV-Bereich – keine künstliche Lichtquelle gibt, die das Sonnenlicht exakt nachahmt. Oft sieht man die Folgen für die Haut, insbesondere für die Gesichtshaut erst nach vielen Jahren. Dann nützt auch keine Creme zur Reparatur. Insofern ist von einer Bräunung in einer Sonnenbank dringend abzuraten.

Stichwortverzeichnis

https://doi.org/10.1515/9783110793918-017